识居阅人

钱田 编著

中国经济出版社
CHINA ECONOMIC PUBLISHING HOUSE
·北京·

图书在版编目（CIP）数据

识居阅人 / 钱田编著. -- 北京 ：中国经济出版社，2025. 7. -- ISBN 978-7-5136-8232-9

Ⅰ. TS664；X21

中国国家版本馆 CIP 数据核字第 2025K5C200 号

策划编辑　崔姜薇
责任编辑　牛慧珍
责任印制　李　伟
封面设计　任燕飞

出版发行　中国经济出版社
印 刷 者　涿州市京南印刷厂
经 销 者　各地新华书店
开　　本　880mm × 1230mm　1/32
印　　张　6.625
字　　数　97 千字
版　　次　2025 年 7 月第 1 版
印　　次　2025 年 7 月第 1 次
定　　价　68.00 元
广告经营许可证　京西工商广字第 8179 号

中国经济出版社　**网址** http://epc.sinopec.com/epc/　**社址** 北京市东城区安定门外大街 58 号　**邮编** 100011
本版图书如存在印装质量问题，请与本社销售中心联系调换（联系电话：010-57512564）

器物有魂，物以载道。
人既是空间的创造者，
又是空间的体验者。

目录 CONTENTS

第一章 从家具看家居

第二章
家居里的文化密码

第三章
探访“人与居”

第四章
人与居的互动设计

第一章

从家具看家居

“器物有魂魄，匠人自谦恭。”自古以来，器物就被人们赋予了丰厚的精神内涵，正因如此，其形象也越发丰满、风姿各异。并且器物之妙在于其与人内心相通，所以庄子才说“乘物以游心”。

譬如，在等级森严的西周，人们用器物来象征礼制，“藏礼于器”即由此而生；汉朝狸猫纹漆食盘上所书的“君幸食”三个字，与使用者直接对话，为餐具赋予了浓厚的温情；而在西方，图坦卡蒙法老宝座与马丁教皇椅，无疑象征着无上的皇权与威严。故而，器物乃是礼仪的灵魂与载体，能够与人交流沟通，富有灵动之性。

以器为用，是最高的审美。千百年来，人类所使用的器物，从最初极为简易的石器、青铜，到当代品类丰富的用品，材质、工艺、审美皆发生了变化，但它与人们生活紧密相连的属性始终未曾改变，并始终保有自己的文化底蕴和时代魅力。

家具更是器物之典型。东方古典家具设计中惯用的对称美学，象征着不偏不倚的中庸之理；明式圈椅，整体轮廓外圆内方，暗蕴着天圆地方的古朴哲学理念；而在当代西方家居装饰里常见的麋鹿头部装饰，则彰显出人们对北欧神话中森林精灵的尊崇敬仰。这些家具虽然静默不言，却并非毫无声息，它们记录下人类历史长河中的涓涓细流与璀璨星光。在此我们端详家具之美，旨在感受家居和空间的美学与美感。

一、家居的主角——家具

家具，顾名思义就是家用器具，在某些地方，家具也被称为家私，即家用物件。狭义上，家具是人们在日常生活工作中，用于坐、躺、支撑、贮物的用具和设备。广义上，家具除了具有实用功能，还要满足人们的审美需求。

家具应该成为一种雅俗共赏的艺术品，让人产生愉悦的联想，具有实用属性的同时，又有艺术价值的传递。

家具的种类、数量、功用、形制、样式、制作水准等，是一个民族、地区或特定时代人们生活习惯的展示和社会、经济、文化的缩影。作为社会生产力的体现，它不仅反映着个体的生存状态，更凝结着一种深厚的社会底蕴。家具的审美性、文化性、象征性和社会性，使其在不同的国家和历史阶段都有很高的研究价值。

家具是主人家居文化的载体，也是整体家居风格的具体呈现。要对人类的家居简史有一个直观的了解，探知家居背后的文化元素，正应从家具开始。

二、国外家具的起源与发展

世界各国的家具在起源和发展的早中期，由于受到地方文化、经济水平、艺术流派和建筑风格等方面的影响，呈现出明显的差异，从而形成了具有鲜明地域特色的风格。自文艺复兴，特别是第一次工业革命之后，欧美各国的科技实力和文化影响力迅速提升，开始引领世界家具的设计和审美风潮，留下了巴洛克、洛可可、新古典、包豪斯等经典风格，而且这些风格基本延续至今。

1. 古代家具（第一阶段）

古代家具从古埃及家具开始，其对亚述与古希腊的家具产生了很大的冲击。

古埃及家具 古埃及家具历史悠久，其雏形最早可追溯至公元前 2686—前 2613 年的古埃及第三王朝。在那个时代，法老们为了彰显自己的权威和地位，常常将巨大的雕像放在家中作为装饰，而这些雕像无疑为后来的家具设计提供了灵感。在第十八王朝图坦卡蒙法老（公元前 1341—前 1323 年）的墓穴中，有很多非常精美的床、椅子等日常用具。从这些家具的雕刻上不难看出当时高超的技艺，尤其是在它们的脚部，工匠们巧妙地模仿了狮子的爪，展现出严谨而规整的设计理念。其纹样同样值得称道，多以植物和几何图形为主，表面用彩漆装饰，或用彩釉碎片、石片、螺钿和象牙镶嵌。在材质上，古埃及家具多选用实木，其中座椅表面覆盖牛皮和麻绳，以增加舒适度和透气性，并采用了竹钉、鸠尾榫等独具一格的结构方式。

图 1.1　古埃及图坦卡蒙法老御座

亚述家具　在西亚古老建筑遗迹中的浮雕上，考古学家们发现了来自公元前 7 世纪的亚述王朝家具。其独特造型和精致装饰，与古埃及的家具有着惊人的相似。特别引人注目的是，椅腿是可以旋转的，这种设计增加了椅子的灵活性。此外，放置在榻、长椅和凳子上的软垫还镶嵌着穗饰，散发出一种独特的东方魅力。

图 1.2　亚述家具浮雕

古希腊家具 古希腊家具在公元前5世纪以后出现了焕然一新的风格，其中“克里斯莫斯”是经典中的经典。这是一款以优美的弧形靠背和椅脚为特色的椅子，设计简洁、轻便且舒适。古希腊家具表面通常用精美的油漆来装点，其中最醒目的便是在蓝色背景上绘制的棕榈条纹和卍字花纹。

图1.3 古希腊克里斯莫斯椅

古罗马家具 在古罗马时代，家具的贴面和镶饰用的是价值不菲的木料或金属。除此之外，以铜质、大理石为代表的古罗马风格的家具，大多雕刻叶子、狮子头和人物，显示出极高的工艺水准。

图 1.4 古罗马家具

图 1.5 古罗马“Sella Curulis”X 形凳

2. 中世纪家具（第二阶段）

拜占庭风格和仿罗马风格是中世纪早期家具的主要样式。到了 14 世纪，欧洲大陆到处是哥特式的家具。

拜占庭式家具 拜占庭式家具是罗马与东方艺术的结合体，其雕花与嵌饰十分精美，并用象牙雕琢而成。这些家具多以花、叶、藤为主题，穿插基督圣徒、天使及各类动物的设计。

图 1.6 拜占庭式家具

图 1.6　拜占庭式家具（续）

仿罗马式家具　仿罗马式家具是一种在 9—13 世纪盛行于欧洲的家具样式。其特征在于座椅、凳脚多为转动木制，盒柜多为板样式。通常，匠人在家具的外表刷上亮丽的油漆，并在其上镀一层金属材料。有时选用简单的浅浮雕，展现出一种朴素的格调。

图 1.7　仿罗马式家具

图 1.7 仿罗马式家具（续）

哥特式家具 14 世纪以后，哥特风格的装饰要素逐步被引入家具造型中。在这个时期，以前用厚木板固定的箱子、柜子制作方法逐渐被框架嵌板式结构代替，高脚碗橱和盒式座位等新型家具登场。哥特式家具的主要特点是雕饰十分立体、层次分明，常见的有火焰形，其锋利的边缘宛如舞动的火苗；尖形，如沙漠中不畏严寒的仙人掌；三叶形、四叶形等。橡木因质地坚固、纹理独特，逐渐成了其最常用的木料。

图 1.8　哥特式家具

日式家具　日式家具以工巧著称，外形简洁大方，用清漆装饰。常见的小型家具包括矮桌、梳妆台、书橱、屏风等。日本奈良时代（710—794 年），人们便已掌握三种漆艺：螺钿镶嵌、金银平脱和莳绘，这种艺术风格至今仍然影响着日本的家具制作。橱柜一般装有黄铜附件，其上纹饰丰富多彩，以山水、禽鸟、荷花、魏紫姚黄等为主，尤以黑漆上点缀金银粉末最具亮点，给人以内敛含蓄的美感。

图 1.9 日式传统家具

3. 文艺复兴时期和 17 世纪家具（第三阶段）

15 世纪晚期，欧洲大陆经历了一场建筑风格上的革命，到了 17 世纪初期，这种风格的家具逐渐发展成新的巴洛克式家具。

文艺复兴式家具 意大利深受希腊和罗马古典建筑的影响，并将独特的檐板设计、庄重的半柱结构及细腻的台座造型引入室内装修中。同时，建筑的外形也对家具造型产生了影响。文艺复兴时期的家具外观沉厚端庄，采用古典建筑装饰元素，从立面的比例到每一个轮廓的线条，都透露出一种和谐之美。文艺复兴风格的家具在欧洲大陆风靡了将近200年。总体来说，装饰风格经历了从简单朴素到华丽精美的过程。此外，各国在这一风格上也各有差异。例如，法国的文艺复兴式家具装饰繁复多变，富丽堂皇；英国将文艺复兴风格与本国简单有力的传统风格相结合，形成了一种简约而庄重的格调；北欧的文艺复兴式家具是对晚期哥特式手法和文艺复兴元素的巧妙融合。

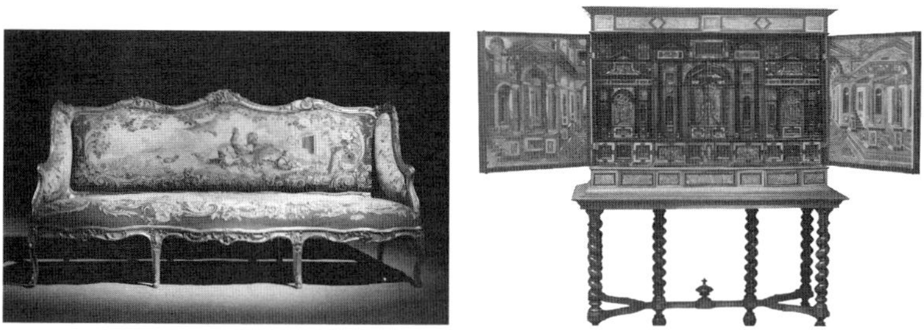

图1.10　文艺复兴式家具

图 1.10　文艺复兴式家具（续）

巴洛克式家具　巴洛克式家具注重整体造型的协调，喜欢运用夸张的曲线，并采用大量的中式彩绘，在 17—18 世纪的欧洲和北美地区很流行。巴洛克艺术虽发源于文艺复兴时期，却又有别于当时的理性古典，而更富有热诚和浪漫色彩。巴洛克风格传播到法国以后，逐渐发展成美轮美奂的家具，这就是路易十四式家具。这类家具一般以胡桃木和

图 1.11　巴洛克风格

栎木为主要材质，内嵌玳瑁、黄铜等，边角用铜包制。最常见的纹饰有螺旋纹、花叶纹等。

图 1.12　巴洛克式家具

4. 18 世纪家具（第四阶段）

18 世纪早期，欧洲的洛可可式建筑与家具达到高度成熟的阶段，受到社会广泛的青睐。但随着古典主义文学的浪潮席卷整个欧洲，洛可可风格逐渐失去其在艺术界的主导地位，很快被一种更为严谨、对称与平衡的新古典风格取代。同时，18 世纪也是英国家具设计发展的黄金时代，当时英国不仅拥有众多工艺精湛的匠人，更涌现出许多才华横溢、勇于创新的设计大师。

洛可可式家具 洛可可式家具，这一优雅而精致的风格源自法国路易十五时代，因此也被称为路易十五式家具。这种家具曲线优美，雕刻细腻，是巴洛克风格的改良，具有浪漫主义的情调。所有家具的脚部均采用了流畅优雅的弧形设计，而波浪面的设计被用于柜门上，使得人们在打开柜门时仿佛能看到海浪在轻拍沙滩。在雕刻和装饰中，最为经典的是水草与蚌壳在河边相依、叶饰环绕于条状涡卷纹四周等充满曲线美的图案。洛可可式的彩漆家具通常饰有华丽的镶铜装饰和鎏金浮雕，并使用黑白两色的漆，显得十分纤秀、高雅。

图 1.13　洛可可风格

图 1.14 洛可可式家具 1

图 1.15 洛可可式家具 2

新古典式家具　新古典式家具在路易十六时代发展到了极致，因此又被称为路易十六式家具，并迅速被西班牙、德国和意大利等国效仿。其特点是在整体上追求协调的比例，以瘦削的直线为主，摒弃了烦琐的细节雕琢，结构严谨分明，展示了理性节制的古典主义精神。家具通常采用方足或圆足，从上往下渐缩以增加空间的层次感；柜体边框部分则多采用珍贵木料做圆锥筒或钻石状的镶贴面，如桃花心木。

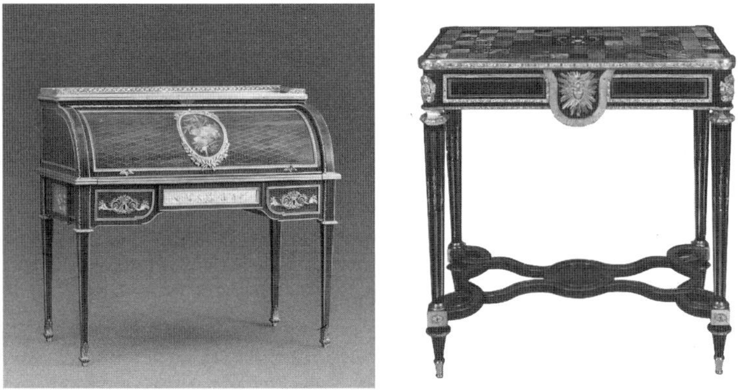

图 1.16　新古典式家具

图 1.16　新古典式家具（续）

英式家具　18 世纪前后，英国经济快速发展，一批卓越的家具设计师如泉水般涌现，其中奇彭代尔最为有名。奇彭代尔式家具不仅继承了英国传统家具的精髓，还吸收了洛可可艺术的轻盈优雅和中国文化的深邃含蓄。1770 年，建筑师 R. 亚当引领了一场轰轰烈烈的新古典主义运动，并以独到的见解和设计能力开创了亚当式家具。该系列家具以直线构成主要框架，辅以古典文学中的雕塑和绘画等元素，体现出一种庄严而优雅的美感。1775 年，赫普尔怀特式家具继亚当式家具之后横空出世，其比例优美细腻，造型温婉雅致，与亚当式家具严肃的古典风格相比，更具古典之风，又蕴法式纤巧。T. 谢拉顿则是 18 世纪后半叶新古典时期冉冉升起的新星。他设计的家具细小纤长，结构简单实用，多以线条为主，呈现出纯净和典雅的特色。

图 1.17　奇彭代尔式家具

图 1.18　亚当式家具

图 1.19 赫普尔怀特式家具

图 1.20 谢拉顿式家具

5. 19世纪家具（第五阶段）

继新古典主义之后，帝国式和拜德米亚式是欧洲最受欢迎的复古主义家具样式。

帝国式家具 帝国式家具是晚期古典装饰家具的一种，起源于法国大革命后，在1804—1815年拿破仑在位的这段时间里达到成熟。它以严谨的考究学眼光，对古代的家具形态进行了造型上的仿真，并运用古典元素进行装点。皇冠作为装饰品悬挂在显眼之处，花环环绕四周，而古瓶作为容器点缀其间。除雕刻、木镶和涂金以外，帝国式家具还使用了大量的镀金铜制装饰。

图1.21 帝国式家具

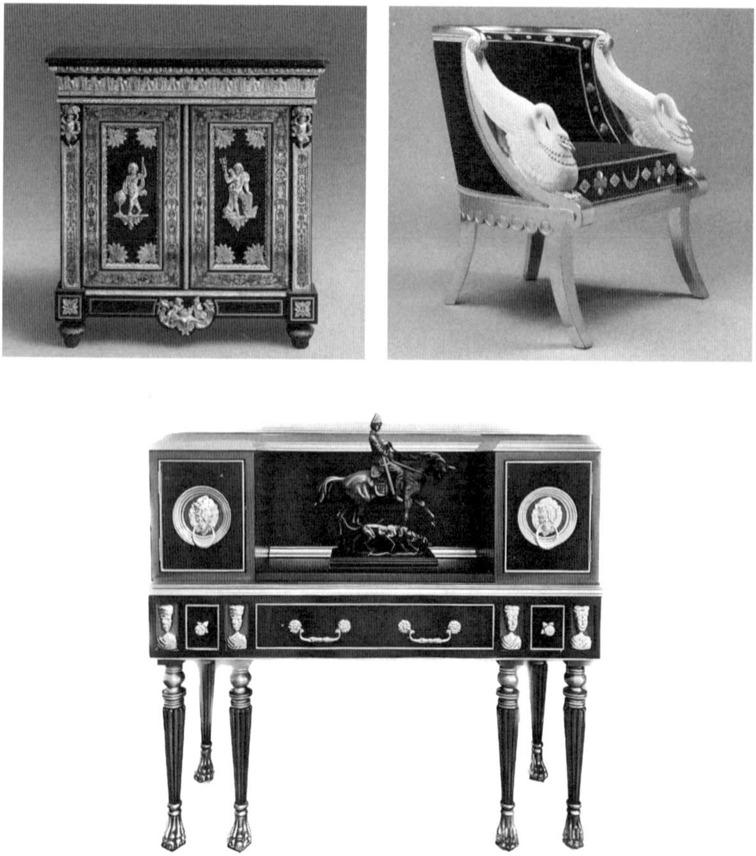

图 1.21　帝国式家具（续）

拜德米亚式家具　拜德米亚式家具在 1815—1848 年的欧洲十分流行，成为古典装饰家具历史上的最后一个重要流派。此类家具承袭了欧洲传统的设计美学，并使用桃花心木等珍贵木料做贴面的点缀，故而极其古朴厚重。到了19世纪中期，这种风格开始由流水的曲线形状向精美的装饰转变。法国的路易·菲利普风格、德国的新洛可可风格，甚至英国的早期维多利亚风格都由此发展而来。

图1.22　拜德米亚式家具

6. 20 世纪至今家具（第六阶段）

20 世纪初期，荷兰的风格派和德国的包豪斯对现代家具艺术产生了深远的影响，欧洲其他各国也先后涌现几次现代主义运动，为现代家具奠定了基础。第二次世界大战之后，现代家具进入新的发展阶段，美国的国际风家具应运而生。

风格派家具 1917 年，荷兰的一群杰出建筑师、设计师和画家聚集在一起，共同创办了一本名为《风格》的艺术期刊，标志着风格派的诞生。风格派作为现代主义设计理念的先驱，吸收了立体主义的精髓，提倡以简洁的立方体、纯粹几何图形为基础的设计风格。它推崇竖线、水平线、垂直面以及水平面等基本元素，追求明晰效用、秩序至上等审美准则，注重简约抽象的美学样式。其中 G. 里特维尔德的代表作——红蓝椅，是风格主义流派中的璀璨明珠。

图 1.23　风格派家具——红蓝椅

包豪斯家具　包豪斯是德国一所综合性艺术学校的简称，始建于 1919 年，受纳粹的影响，1933 年被迫关闭。尽管只有 14 年的历史，但它对现代艺术与设计的贡献和影响不可估量。包豪斯将现代艺术与工艺技术相结合，拉近了 19 世纪以来艺术与技术之间的距离。著名设计师布罗伊尔设计过许多卓越的现代家具，他在毕业后选择留校任教，并将包豪斯精神发扬光大。

图 1.24　包豪斯风格

国际风格家具　包豪斯关闭后，一大批德国知名设计师纷纷移居美国，为美国的现代设计运动注入强大动力。1940—1950 年，美国国际风格逐渐形成并深入人心。这种风格的家具以功能性为要义，以简洁的几何形状为造型基底，在追求精准的尺寸量度的同时，运用精巧的技术和优良的材料，确保产品质量优异，展现出圆满合理、简单明快和井然有序的现代美感。

图 1.25　国际风格家具

三、中国家具的起源与发展

中国传统家具文化凭借悠久的历史、精湛的制作技艺和独特的东方艺术魅力，在世界家具史上独树一帜，并在17—18 世纪对欧洲古典家具产生了不可估量的影响。

1. 第一阶段——夏、商、周

山西襄汾县的陶寺村遗址属于新石器时代晚期，随葬品中的案俎是目前为止已知最早的中国木质家具。西周以后逐渐出现了大量的木质家具，如床、几、扆（屏风）与箱等。与此同时，青铜家具开始出现。已出土的西周的铜禁和商朝的饕餮蝉纹俎就是青铜铸造工艺的明证。

图 1.26　俎

2. 第二阶段——春秋、战国及两汉

在战国时期，无论是漆木家具还是青铜家具，都有了显著的发展。较大型的木制家具，如几、案、床等，多采用稳固而又富有质感的框架结构，并用榫卯连接。例如，在河南省信阳楚墓出土的雕花漆几、大木床和木俎等家具中，其连接部分均采用了十字搭接榫、闭口贯通榫等多种榫接方式，使其具有牢固、美观等特点。值得一提的是，在几、案类家具的底座上，通常增设一根横木桥梁，这根桥梁不仅可以支撑和固定家具的脚，还可以保护用具免受地面不平或其他外力的损害。从战国到明清再到现代，一代又一代的工匠匠心独运，对这些结构进行改良，使得这些结构成为我国传统家具的重要组成部分。

在秦汉时期，漆器家具继承了战国时期的漆木器工艺，发展到一个繁盛的阶段，不但品种丰富，而且工艺水平有了长足的进步。当时家具的主要特征是大部分较为低矮，并开始出现由低矮型向高型发展的趋势。

在西汉时期，榻凳由印度传入。《释名》中解释道：“榻凳施于大床之前、小榻之上，所以登床也。”榻凳的出现表明床的高度有所增加，体现了人们对睡眠空间的重新定义。据《太平御览》记：“灵帝好胡床。”胡床，以其独特的折叠功能和轻便特性，成为西北游牧民族生活中不可或缺的一部分，坐时需垂下腿。由传统的席地而坐演变为后来的垂足而坐，这是家具史上一次非常重大的变革。

与此同时，软垫开始出现。据《西京杂记》记载，在冬天，丝棉织物会被放置在汉朝天子的玉几上，大臣的木几则使用了橐（由毛毡缝制的口袋），这就是最初的软垫。家具制作的材料也越发多样，除木料之外，还广泛使用金属、青竹、琉璃、翡翠等材质。

图 1.27　漆器

3. 第三阶段——魏、晋、南北朝

魏、晋、南北朝是中国多民族相互碰撞与交融的时代，其间不同民族的文化交流和商业往来频繁，这种多元融合的社会环境极大地促进了家具行业的发展。这一时期，扶手椅、长杌（长而窄的木凳）、方凳等更符合大众生活需求的家具应运而生；束腰圆凳不仅实用而且美观，让人坐卧之间皆有雅致；圆形案和橱则以其独特的造型与功能满足了当时人们对于存储及展示物品的需求；竹藤家具如笥和簏，因其轻便耐用且易于制作，被广泛使用。

此外，床的高度得到明显的提升，极大地便利了人们的生活。跂床的出现，不仅方便了人们的上下，还为家中增添了几分乐趣和创意。同时，为了适应不同的居住环境和生活习惯，可折叠床顶、床帐以及可拆卸式围屏相继问世。这些新型坐具品种的增多，说明垂足坐的流行促进了家具向高型发展。

图 1.28　坐具

4. 第四阶段——隋唐及五代

迈入唐代后的悠悠岁月里，中国家具宛如踏入了一片崭新而绚烂的发展天地。唐式家具的风格是流畅秀逸、雍容华贵。到了五代时期，家具的构型追求简洁、素雅，质朴内敛的美学理念成为主流，从而为宋式家具的萌生筑牢了基础。

隋唐五代时期，家具有两个关键特质：

第一，家具朝着高型化昂首迈进，这在坐具品类的日益丰富以及桌类家具的惊艳现身中体现得淋漓尽致。《通雅》记载："倚卓（椅桌）之名见于唐宋。"六朝之时，椅凳已然存在，到了唐代更是盛行一时。几、案的高度皆以坐面为基准，坐具的高型化趋势越发明显，桌的问世便合乎情理。家具的高型化给住室的高度、器物的尺寸以及装饰的风格均带来了深刻且长远的影响。

第二，家具向着成套化阔步前行，种类不断扩充，并且能够依据使用功能进行精细分类。第一类是坐卧类，包括各式各样的坐具，如舒适的榻和床；此外，还有各种类型的座墩，以及专为站立而设计的椅子和凳子，体现了古人对生活细节的精细考量。第二类是凭倚和承物的家具类别，涉及桌、案、几等实用器具，它们不仅承担着日常生活、工作或娱乐的功能，还能作为展示收藏品或者装饰空间的家具。第三类是贮藏类家具，如笥、箱、柜等。第四类是架具类家具，如衣架、巾架等。除此之外还包括屏风，它不仅分隔房间、保护隐私，还能让室内美观，展现了古人对空间管理的智慧。五代十国时期的画家顾闳中所绘《韩熙载夜宴图》中，精致的成套家具在室内空间中被巧妙布局，无论是宾客之间的互动还是主人的款待之礼，都通过这些家具得以生动地呈现。

图 1.29 《韩熙载夜宴图》中描绘的成套中式家具

图 1.30 唐代家具

图 1.31 唐代圈椅

5. 第五阶段——宋、元

宋代是中国家具发展的关键节点，既承往昔之灿烂，又为后来者开辟道路，具体表现在高矮型家具的多样与繁杂。首先，高脚坐具诸如椅子、凳子等已在民间广泛普及。它们的出现标志着人们生活方式的转变——从席地而坐到坐于高椅之上，这种变化象征着文明的进步和生活质量的提高。其次，框架结构在家具制作中占据主导地位。这种结构使得家具更加稳固，同时增加了美观性。横梁、立柱以及连接部件都显得简洁而有力，充分体现了宋代家具的力学美和造型美。

宋代家具于室内的布置开始呈现特定的格局，其造型质朴纤巧，结构合理精妙。在家具结构方面，框架结构代替了壶门结构，家具的腿的断面或方或圆，构件之间广泛采用榫接；柜子、桌子等较大的平面构件常常运用“攒边”，即在薄心板的四边嵌入贯穿带，然后用割角榫将四角攒合，不仅能够有效把控木头的伸缩范围，而且具有很好的点饰效果。

宋代家具格外注重尺寸结构与人体的适配，追求使用的便捷性和舒适性。宋代的家具设计巧妙，种类繁多。镜台精致优雅，交椅舒适耐用，琴桌和炕桌都是文人雅士的必备之物，而带有精致抽屉的桌子更具实用性。高几用于摆放书籍、古玩或其他装饰品，盆架用于放置各类盆器，而座地檠则有一个稳定的基座。每类家具还衍生出众多别具一格的款式，设计都非常巧妙。

图 1.32　宋代柜类家具

图 1.33　宋椅

6. 第六阶段——明

在明代，伴随手工业的进一步发展，众多文人雅士纷纷投身于室内设计和家具造型的探索之中，家具摇身一变成为流通的热门商品。明代家具在传承宋代传统的基础上，大放异彩，推陈出新。明代家具不但选材精细，款式琳琅满目，而且精雕细琢，造型质朴大方，结构合理缜密，造就了独具特色的明代家具风格。工艺、材质的精进与成熟，将中国古代家具推向了辉煌的巅峰时期。

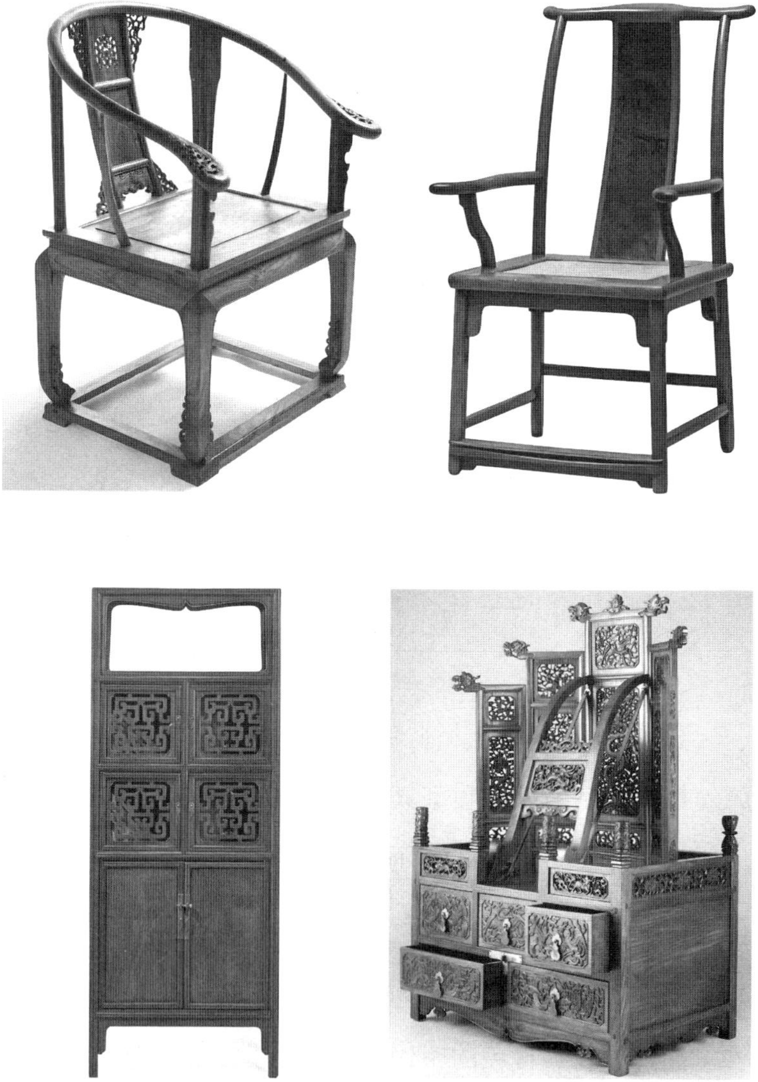

图 1.34　明代家具

7. 第七阶段——清

清代家具以精致与考究著称，它根据不同功能需求进行细致分类，如厅堂、卧室、书斋等，每个空间都有专属的家具风格和用途。清代家具呈现庄重肃穆的特点，雕饰纷繁复杂，体量庞大宏伟，形成了独具清代特色的家具风格。清代家具作坊分布广泛，主要集中于沿海区域，特别是在惠州（今广东）、冀州（今河北）、扬州（现属江苏），形成了全国三大制作中心，有“广作”“京作”“苏作”的名号。

不同地区的工艺特点有所差异：京城的家具工匠重视榫卯构造，讲求实际而不过分追求表面装饰；南方家具工匠的弓镂空雕与鳔技艺则是一绝，注重细致的雕饰。家具装饰的技法主要包含木雕和镶嵌，木雕技法丰富多样，包括线雕（阳刻、阴刻）、浮雕（浅浮雕、深浮雕）、透雕、圆雕和漆雕（剔犀、剔红）等；镶嵌则运用多种材料如螺钿、木、竹、骨、石、象牙、珐琅、玉石、玻璃，并加入金属饰件等，以达到美化家具的装饰效果。

清代家具在装饰图案上极其考究，多采用寓意吉祥、象征好运的元素。以山水禽鸟来点缀家具，有官运亨通、延年益寿、多子多福之美意。另外，家具构件常兼具点饰作用。例如，有些家具会使用吉字花、古钱币来代替传统的短柱矮老，在肓板脚柱上加以精心雕饰。腿型变化多样，除方圆腿、方直腿、圆柱腿这些与方圆有关的形状外，还有竹节腿、三弯如意腿等；腿的中端束腰或有或无，变化有高有低，有的加鱼门洞，有的加线，或加凹凸有致的动物头形和雕刻花形；侧腿间有透雕花牙挡板等；足端有栩栩如生的马蹄和兽爪、如意头、踏珠、卷叶、内外翻、镶铜套等。陈放于北京故宫太和殿的剔红云龙立柜，彰显了皇家的尊贵与庄重。珍藏于沈阳故宫博物院的古币蝇纹方桌，其上的古币图案栩栩如生、活灵活现，再现了当时社会的经济文化风貌；女性专用的紫檀卷书琴桌和螺钿梳妆台，则是对清代女性雅致生活的生动写照，体现出主人的品位与身份。

坐卧类家具中，单单椅子就有躺椅、扶手椅、太师椅、圈椅、交椅、连椅，更有凳、杌、交杌、墩、床、榻等。凭倚承物类家具中，按桌子形状来分有圆桌、半圆桌和方桌；按功能用途来分有“分明曲里愁云雨”的琴桌和“小轩窗，正梳妆”的梳妆桌，“矮纸斜行闲作草”的书桌和“晴窗细乳戏分茶”的茶几，“岁晚务闲，家人聚处”的炕桌和“案上具笔砚，砌下秀菊杞”的条几（案），以及供桌（案）、花几等。贮藏类家具中，博古柜架用于收藏前朝珍品；架格则为小物件提供了一个井然有序的空间；闷葫芦橱物如其名，是存放各类文件和资料的极佳场所；书柜用于陈列古今书籍；箱则用于摆放杂物……其他家具还有座屏、围屏和灯架等，无不体现了家具人的智慧。

中国古代统治阶级所使用的家具装饰以图样繁复为特点。这些家具往往采用陶瓷、青玉、象牙和贝壳等珍贵材料。工匠们利用精湛的技艺，如雕漆、雕填以及描金等，创造出一系列漆木家具，其色彩绚丽、光泽度高，彰显了皇家贵族的尊贵身份。与此同时，民间的家具则更加注重效用性和经济性，大多采用传统手工制作的方式。

19 世纪后半期，家具部件出现中西合璧的雕饰。后来在沿海的几个港口，相继出现了外国人投资开办的家具厂：有做中国传统家具的，有做欧洲古典风格家具的，也有做北美家具的。中国近代的家具在外部环境的影响下发生了全新的变化，无论是种类、造型、构造还是工艺都有了较大的改变。

图 1.35　清代家具

图 1.35 清代家具（续）

8. 20 世纪初至今

20 世纪初期，家具作坊如雨后春笋般在全国范围内相继出现。至 1920 年，木工工场以及手工工匠已遍布中国，既生产中国的古典家具，也做“西式中做”的新版家具，创造出既有东方韵味又不失西方现代感的生活空间。家具市场供不应求，如江西省铅山县河口镇生产的柳木器以其优雅的线条和实用的功能深受欢迎；赣县的彩绘皮箱以其鲜艳的彩绘和精湛的工艺吸引着顾客；扬州的螺钿家具凭借其华美的纹理和精细的雕刻手法，成为收藏家争相收藏的珍品；上海的硬木家具以其坚实耐用和高雅的色泽，在市场上占有一席之地；北京的雕漆家具更是在1914年的巴拿马博览会上大放异彩，一举夺得一等奖的殊荣，成为当时最为瞩目的工艺品之一。

在20世纪30—40年代，因西方设计思潮的涌入，中国沿海地区的大城市的家具产业开始变得复杂多元。民族工商业者积极筹办家具工厂并相继在各大城市开业。按照传统的加工手段和工艺，当时家具分为两大类：中式家具和西式家具。中式家具以其独特的造型和制作工艺深受欢迎；西式家具则吸收了西方设计理念和技术，具有流畅的线条和精致的装饰，成为市场上的新宠。

现代家具的兴起得益于技术的进步，尤其是胶合板的出现，使得由纤维板等材料制成的板式家具大受欢迎。框式嵌板结构因其易于生产，很快成为中国大多数地区广泛采用的制作方法。

随着经济结构的深刻变革和机械化程度的不断提升，专业家具工厂在全国范围内迅速扩张，极大地促进了中国现代家具行业的发展。特别是到20世纪80年代，随着改革开放的推进，中国家具企业迎来了历史性的发展机遇。

它们积极引进欧洲家具制造业的先进生产设备，包括板式家具生产线和单机配套设备，提高了中国家具业的硬件设施水平。

20 世纪 90 年代，一些小型私营企业开始焕发生机，以灵活的经营模式和创新的生产技术迅速崛起。在这个过程中，中国的家具行业接受了西方现代家具设计理念的洗礼，已初具规模，办公家具企业也逐渐步入良性发展的康庄大道。更重要的是，它标志着中国家具业正在从传统走向现代化，从模仿转向自主创新。这一转变不仅为消费者提供了更多、更新、更好的选择，也为整个社会的经济结构转型做出了贡献。

第二章 家居里的文化密码

文化，广义上指人类所创造的物质和精神财富的总和。人类的所有文明都是从创造开始的，所有的事物和工具的创造都伴随人的行为和经验而产生，因此，语言、文字、图像等表现理念的符号就出现了。这些符号是对人类活动的认识、记录和实践，从而进一步推动了造物的深化、文化的形成，家居文化也是如此。

家居文化，是风土人情、历史地理、人文艺术、宗教理念、价值观等几乎所有人类生产、生活的痕迹在家居中的具体体现。家居的文化元素满足人们的感官想象，展现出整个家庭的文化气息与生活智慧。而家具作为家居环境的一大主体，承载着整体家居的文化氛围和审美价值；我们生活在其中，接受其影响和熏陶，再将这样的影响不断散播开去，于是构成或重塑了更为广泛的社会文化。

家具是人类千百年来创造的一种物质产物，它满足了人们生产、生活、交往和娱乐等各种活动的需求。与此同时，它将多种艺术相融合，以独特的形象影响人与人、人与家居之间的了解与交流，并承担了人们对过去的总结、对现在的认识和对未来的展望，因此家具是一种有形的文化，是一种生动的形象、深刻的烙印。它以其丰富的外在表现形态，在不知不觉中唤起并提升了人们的审美品位；以其自身设计中所蕴藏的隐喻符号，甚至是宗教元素，实现了文化的对话性和符号性。家具文化内涵丰富，并随着时代的发展不断变化。

一、地域性

不同的区域地形、自然资源、风俗习惯都会产生不同的地域文化，因此，在家具的种类、材质、功用和审美特点上，都有很大的差异。例如，我国的传统家具就有南北之别。北方山高地广，民风淳朴豪放，因而与之对应的是北方家具大而重实、造型端正沉稳。南方山水秀丽，南方人清逸雅致，所以南方家具的特点是秀气柔美、精巧多变。在造型上，以往有“南脚北帽”之说：北柜讲究大帽且重；南方家具讲究足形多变，更显雅致。在颜色上，北方家具多采用深沉肃穆的颜色，而南方家具看起来更清丽幽雅。

举例来说，岭南家具是中华地域文化特征的极佳体现。岭南文化以农耕文明为基础，持续吸收中原和海派文化，展现出开放、多元和融合的特点。因此，传统广式家具在设计严谨、制作工艺精湛的同时，借鉴了欧洲的巴洛克和洛可可艺术风格，以及新古典艺术的造型和装饰纹样，形成了独特的中西合璧广式家具风格。

岭南家居在家具的基础上，搭配色彩鲜艳的镶嵌壁画、彩色玻璃、地砖对联、盆景摆件等传统元素，而室外建筑则注重与自然的融合，营造出轻盈雅致的视觉效果。这些家具单品、装饰元素及外部建筑设计，甚至庭院和园林，共同塑造了岭南家居鲜活生动、整体性强的风格特征。

图 2.1　岭南传统家居风格

二、时代性

从第一章的家具发展简史来看，家具的发展有明显的阶段性与时代性，也就是说，家具的样式会呈现不同的时代特色与历史痕迹。

农耕社会的家具以手制为主，大多是造型简洁、意境抽象的古朴风格，或精工细作，或简单粗糙，都有明显的手工痕迹。在工业革命之后，家具开始进入自动化和大规模的生产阶段，所以产品都呈现出一种现代风格，造型也非常简单，没有多余的装饰，主要追求一种机械风的科技美感，有些也追求特殊的设计语言和审美趋势。而在现代信息化的某些发达国家，家具已经摒弃现代功能主义的简约设计原理，又将注意力转移到文化标志和语义上，家具的样式出现了多元化的发展趋势。它不仅要符合现代人的生活习惯和功能需要，也要体现出当代的技术、材料和工艺特征，还要在家具的艺术语言上与地区、民族、习俗、历史、审美等方面保持同构性和兼容性。从普适到个体、从单一到多元，这是现代家具设计所具有的鲜明的时代特色。

我国传统家具的演变史，也是古人生产水平和生活方式的进化史。以宋代为分水岭，古人由“席地而坐”逐渐转变为“垂足而坐”，而传统家具中的坐具也由低矮的座席演变为框架结构的木椅。而到了明清两代，红木家具的出现可谓是中国古典家具的集大成者。通过研究它们的器型，我们可以推演出古人在室内生活起居的一举一动。明清的红木坐具，往往有夸张的浮雕工艺，尺寸较大、结构复杂，靠背和座面常呈现直角，虽强调了尊贵气派和地位象征，却难以在使用时做到舒适和放松。

时至今日，现代家庭中流行的坐具多为客厅中的沙发及其衍生产品，而传统红木坐具正因为“不舒服”，反而在新中式风格中的书房、餐厅被广泛使用。在新中式风格的布局中，餐桌往往是圆形设计，以便形成合围空间。传统的红木靠背椅便于摆放、扶手占据空间较小，而且可让使用者保持后背挺直的坐姿，保证了高端、正式的就餐礼仪，因此传统的红木坐具得以再次出现在现代生活场景中。

此外，一些古典家具中的经典设计，随着人们对功能诉求的演变以及审美潮流的回归，又被重新拾起，再次被关注和重视起来，并以崭新的形式出现在现代人的生活中。

三、民族性

美国的莱茵·辛格说过，好的设计不仅意味着满足了使用功能，而且使用方便、舒适，是丰富的知识载体，是完美的精神功能的体现，充满一个民族特有的文化及风格内涵。

日本的传统和式家具除具有浓郁的东方共性特色之外，其民族特有的“和式”特征同样鲜明。斯堪的纳维亚风格的家具又被称为“乡村风格”，是北欧国家审美风格和文化符号的集中体现。各国、各民族的风土人情、习俗文化各不相同，从建筑外形到内部装潢，无不体现出鲜明的民族风格与特色。好的家具设计，一定充满了民族特有的文化内涵，这样才能在世界范围内具有历久弥新的审美价值和竞争力。

图 2.2　斯堪的纳维亚风格

通过对比中国明朝和欧洲文艺复兴这两个大致同一时代的东西方文明下的家具风格样式，可以很好地验证家具文化的民族性特征。中国古代深受儒家文化的影响，强调伦理道德和宗法制度，而欧洲文艺复兴时期的人们依然受神学意志的影响，宗教色彩和理念浓厚。宗教信仰和生活理念的差异，导致两种文明下的家具产生了很大的差异。

首先是取材用料不同。中国明朝时期的人们广受儒家思想的影响，讲究对自然的尊重。百姓安居乐业，追求高品质的精神和审美享受。在此时期，紫檀、黄花梨、乌木等红木精致美观、色泽上乘，因此广受喜爱和追捧。中国古代艺术也讲究和谐、吉祥的寓意，因此明式家具在做工方面精湛考究，符合当时的审美潮流和文化价值观。

图 2.3 明式家具风格

文艺复兴时期的欧洲尤其是意大利，在观念上普遍认为家具的用料和装饰是财富与身份地位的象征，应尽量做到奢侈和华丽。因此，人们在家具的装饰上大量使用高亮度的大理石，甚至配以象牙、卵石、贝壳等。当时的社会上商人众多，他们追求物质财富，这些材料亮度高、纹理清晰、色彩斑斓，符合当时这一社会阶层的审美需求和价值取向。

图 2.4　文艺复兴风格

其次是艺术表现不同。在明代帝王统治的社会中，皇帝、公卿喜爱的艺术风格影响民间的审美，因此这一时期的家具整体造型美观典雅、尺寸宽大，浑厚而庄重。一些装饰品由能工巧匠细心雕画，体现出浓郁的艺术气息。古人意识到精致的家具和装饰品可以卖出很高的价格，且颇具收藏价值，因此明清红木家具的设计思路和制作工艺有了进一步的提高。

而在西方，得益于自然科学的萌芽和发展，文艺复兴时期的欧洲家具则融入了近现代几何造型的装饰，注重优美的线条感、黄金比例和图形对称等特点，并且采用更为丰富而大胆的颜色，显得华丽而精美。

最后是内涵寓意不同。民族文化、生产技术水平和人们对图物的喜好不同，造成了当时东西方文化在看待自然、社会、宗教等方面的巨大差异。这种差异体现在家具的风格设计中，主要表现为装饰物及其代表的文化符号和内涵寓意的不同。

中国明代，图物的选取多出自日常生活，往往被赋予美好愿望和精神品质，如寓意吉祥的如意、万字、云头、曲尺，花草类的梅兰竹菊，动物类的龙凤纹、麒麟纹、鹿纹等。这些图物大多出自大自然，体现出质朴大气的精神品质和人们对于安居乐业、国泰民安的精神寄托。

而在文艺复兴时期，很多西方国家开始了从对神的崇拜到以人为中心的世界观的转变，倡导以人为本，不应限制人的自由和思想，应该充分赋予人们权力，让其热爱生活、追求真理。在家具设计的图物选择上，出现了植物类的果实、叶饰、藤蔓，宗教中的丘比特，以及蛋形、叶状平纹、海豚等物像，体现了文艺复兴时期人们对自由和未来的期望与精神寄托。

四、传播性

家具文化的形成是循序渐进的，社会整体的生产和经济水平越高，使用者的精神和审美需求越大，家具的设计风格就越突出、越有差异性，文化和美学内涵也就越高。网络和信息技术极大地模糊了地域文化的边界，新的审美潮流不断涌现，设计师们也在不断寻求突破性的创作灵感。世界文化的交流，使得家具文化在全球范围内的传播和融合成为可能。

汉斯·魏格纳，一个设计界无法忽略的名字。他于 1949 年设计的一把被称为世界上最漂亮椅子的“The Chair”扶手椅在 1960 年美国总统竞选的电视辩论中成为主要的布置道具，格外引人注目。魏格纳一生与椅子结缘，设计了超过 500 张椅子，代表作有造型奇美又有效规避温莎椅不稳固弊病的孔雀椅（Peacock Chair）、藤编的折叠椅（Folding Chair）、充满度假感的“Flag Halyard Chair”，以及后来被模仿最多、仅由3个极简组件构成的贝壳椅（Shell Chair）。

更被世人津津乐道的是，他的设计深受中国明式家具影响。据说魏格纳曾经看到一幅肖像画，画中是一位坐着明代圈椅的丹麦商人，于是深受打动，汲取了灵感。中国明代的圈椅设计简约而优雅，用料考究，技艺精湛，这个巅峰至今难以超越。而魏格纳格外看重手工工艺，注重木工的雕琢和打磨的手感，明椅这种简约而不简单的美，和他的设计理念不谋而合。在他的笔下，新的风格被不断地提纯和进化，“简洁对我来说就是剔除到可能的最基本元素：四条腿、一个座位、椅圈和扶手”。一把椅子便足以散发出宁静祥和的禅意氛围。

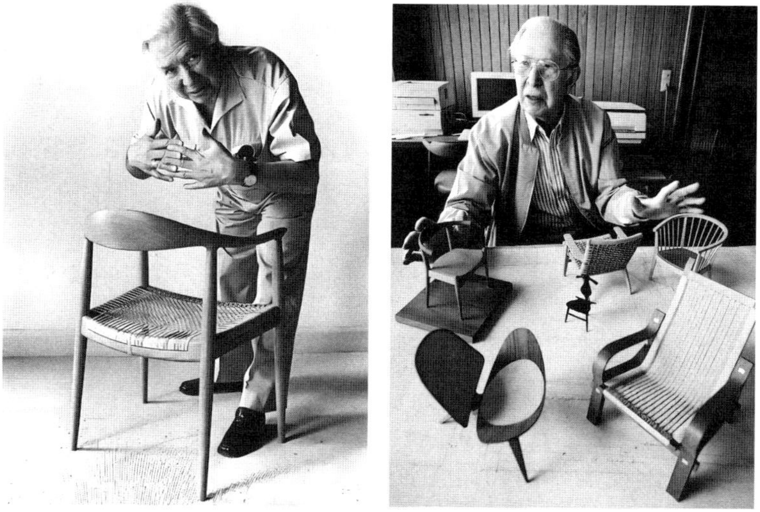

图 2.5　汉斯·魏格纳和他设计的椅子

五、人与空间

电影《海上钢琴师》讲述了这样一个故事：传奇的钢琴天才 1900（男主角）出生并成长于一艘在海上漂流的豪华邮轮上，通过钢琴与女小号手结缘，并互相成就了彼此。临近片尾有这样一个情节：当女小号手试图将1900带上陆地时，她却看到了他对未知大陆的不安和恐惧。在这一刻，女小号手突然明白了对于 1900 而言，离开这艘船，意味着他需要离开人生的“船”，需要重新找到那“88 个琴键”，需要直面完全陌生的陆地；1900 对于未知环境的极大焦虑和不安被刻画得入木三分。事实上，电影正是借助贯穿始终的“船”“88 个琴键”这些具有象征意义的符号和意象，巧妙地探讨了人与空间的情感链接。

当人类问出第一句“我是谁”的时候，哲学家便紧随其后地问出了“我在哪里”，所以从某种意义上说，人与空间的关系本质上是人与社会关系的基础和起源。

1. 空间设计与人居关系

除去广义的人类赖以生存的自然空间，相对狭义地来看，从人类占有第一个洞穴开始，“室内空间”这一概念就已经存在了。从简单的居住走向精致的装饰，从单向的体验索取走向双向的情感互融，人与空间的情感关系一直以来都在发生着深刻的变化。我们通过观察近现代的空间设计者，就不难窥见这一线索的不断发展和各种审美、哲学、情感的反复碰撞与搏击。

20世纪以来，功能主义是主要的设计思路，而这本质上就是“以人为本”理念的发端和启蒙。无论是工艺美术运动中人与机器关系的探讨，还是新艺术运动中对取材自然元素的主张，都从侧面反映了这一时期人们对人与人为造物（产品、环境）关系的思考。工艺美术运动的代表人物莫里斯，希望通过自己创作的艺术，为生活在黑暗中的劳动人民带来光明。而在这个阶段的室内家居中，人们对于人居关系虽然暂无确切的想法，但从一种反对工业化桎梏的视角出发，遵循返璞归真、崇尚自然等设计特点，将自然朴素的情愫注入他们生存、活动的空间。

随着人类生产力的大幅提高，在与自然科学相结合的过程中，设计学获得了极大的发展，并逐渐发展出一套理论系统。于是，现代设计运动就成了一场相对于传统思想的革命，它涉及心理学、哲学和美学等多个学科及多个领域。对于室内设计来说，除在工艺、形态、功用上进行变革之外，更是在精神上不断加速更新自身的系统。在现代设计发展的轨迹中，人与空间的关系也在不断演变。

当时的德国工业联盟注重设计的功能性，而包豪斯的设计则以人为本，在表现方式上更喜欢的是几何美学。不仅如此，包豪斯校长密斯·凡德罗所倡议的“少即是多”理念，甚至到了与功能要求背道而驰的程度，忽略了人们基本生活的需求，把功能主义完全变成了另一种形态的形式主义：运用理性主义的方法对空间进行研究，在纯粹的结构与功能上展开探究，并以其表达为最终目的。荷兰风格派的本质就是把各种部件通过相互间的关系进行再组合，形成一种新的有内涵的、具有理想价值的新结构。这些探索大多建立在哲学的基石之上，它们或重结构、或重功能。设计师与其作品的关系亦被提升到哲学层次，表现为一种单向理性的情感投入。

法国建筑师柯布西耶也对纯态的几何体情有独钟，他认为设计应当在简约中透着秩序，在逻辑中融入美感，这种美学标准要求作品在比例上达到完美的平衡。柯布西耶的这种设计哲学反映了一种新的趋势：人们越来越多地愿意将自己的情感和个性融入产品与空间的设计中，期望这些设计能够产生情感上的共鸣，并最终将这种情感传递给使用者。

芬兰设计师阿尔瓦·阿图对传统的单一性做了极大的修改，他并不满足于仅追求功能化和人本化，而是在两者的基础上，探索了一种更富有人文精神和注重人们心理诉求的设计途径，这就是他的有机功能主义理念。与此相呼应的是美国建筑师赖特提出的“有机建筑”概念。他将建筑视作一个生命体，一种持续进化、适应环境变化的动态存在。建筑设计的意图与形态统一为一个整体。

从柯布西耶到阿尔瓦·阿图，我们可以清楚地看到，当时的设计师不仅追求美学上的极致，他们的视野更为深远，还将心理学和哲学融入设计中。他们通过对生活的深刻洞察，赋予了每一个空间独特的个性和意义，使之成为人们情感与思想交流的载体。

在第二次世界大战的残酷风暴中，纳粹分子的暴行和原子弹的轰炸不仅恶化了世界各国的处境，也彻底颠覆了人们心中那些根深蒂固的伦理道德和价值观。从哲学的角度讲，它对于现代表现形式乃至思想方法、价值观念而言，是一种极为彻底的颠覆与反叛。随着爱因斯坦的相对论及宇宙大爆炸理论的出现，人类逐渐意识到一件事——科学本身存在内在的不确定性，即便是最为精密的科学，也无法解决所有问题。现代主义摇摇欲坠，后现代主义思潮也就自然而然地崛起了。

国际主义的设计风格作为建筑学现代主义的一个显著标志，其核心理念在于将功能性置于首位，致力于扩大建筑物的使用空间，对环境、人文景观、美学的考虑则是第二位的。20 世纪 60 年代，一批充满活力的年轻建筑师在欧美地区崭露头角，一些具有人文主义特色、大量装饰和深刻空间感的建筑作品浮出水面。建筑师特别喜欢用建筑的空间风景来表现古老的文明和自然，以致自己的追思。从总体上讲，后现代主义是一种对纯粹理性的反抗。后现代主义对逻辑概念和结构解释持“不轻易相信／怀疑”的哲学态度。“整天面对着冰冷僵硬的设计让人觉得厌烦”，这就是人们对拥有人性化、人情味的产品需求的呼声。

在“人—地”这一大环境体系中，以人为本的设计仍然是人们关注的焦点。然而，随着全球气候变化、酸雨污染、土地荒漠化、生物多样性下降、森林植被破坏等全球性环境问题越来越严重，人们对环境空间的重视程度越来越高。于是，人们又重新思考并提出了一些新的理念，如可持续发展、低碳生活等。我们不得不承认，要想真正地塑造一个新的世界，仅停留在“以人为本”的口号上是远远不够的，而应该认识到人与空间之间更加细腻和复杂的情感联系，注重情感上的平衡与调和。当代设计界，很多观念和方法是从思想觉悟的角度出发，对设计的内核进行反思，将人与空间的关系作为设计的核心而不仅是以人为本，并从设计方式上体现出来。

例如，人性化设计主张在空间中对人在生理和心理方面的需求以及精神方面的追求做到尊重与满足。在表达方式上最主要的特征之一，是将人性化的因素融入空间的语言和功能中，使空间具有情感和个性，使空间有一种流动的生命感，从而以可触摸的物质形态来体现和承载无形的人文精神。空间生活情感的呈现，于无形中体现了在人性化设计和感性化设计中，作为主导者的人的需求和感受，以及其与空间之间的情感交流。

与此同时，人们开始意识到科技进步所引起的生态危机，这促使设计师反思并转向一种更为可持续的绿色设计哲学。相对应的绿色设计（生态设计）强调在设计的早期阶段就要将环境保护纳入考虑范围，从材料选择到实施过程，每一个环节都要考虑环保因素，以确保设计能够减少对自然资源的消耗和对环境的影响。将空间环境作为设计目的和起始点，是着重考虑空间环境属性的重要体现。由此可见，人们已经意识到空间不只是冰冷的功能工具，而是有生命和情感的“友人”。

2. 人是空间的组成部分

德国哲学家马丁·海德格尔说过，“你不能把人从空间中分离开来，空间既不是外在的实体，也不是内在的经验，把人除开以后，空间将不复存在”。

人本身就是最小的空间单元。当人的衣着打扮、姿态动作等发生变化时，这个最小的空间单元就已经发生了变化。人受到影响，他所处的更大的空间其实也在一定程度上受到影响。而在精神和情感的层面，当人的意识、思维、状态表现出任何细微的变化时，整个空间和场所呈现出的调性和氛围，其实也在潜移默化中发生了改变。

古往今来，人的不同姿态和不同的生活行为方式，很大程度上构成甚至决定了空间与家具的形态和尺度：椅子、沙发等坐具源于坐姿，床具源于卧姿。而人类的站姿，作为室内交通空间的度量标准而形成了通道，无论是家具还是通道空间，都是空间的组成部分，而它们的存在完全源于人本身。

当空间中存在超过一个人的时候，社交就产生了。人与人之间根据不同的社交需要，设定了不同的交互距离，划分了功能空间：需要保持一定间隔的社交区域——客厅，感情亲密的人可以进入的区域——卧室等。当人与人、人与物发生关系时，这本身就是一种空间的构成。

3. 人是空间的体验者

人与家庭空间是一体的：人不能脱离特定的空间而进行活动；反之，空间也是人所拥有及供人使用的，人是对空间进行直接利用与评估的主体。空间功能的功用性、身心的舒适度，都由空间的使用者来直观感受，同时对居住在空间里的人们的心理和行为产生影响。因此，当对人和家居空间的相互关系视而不见时，设计者的初心和最终设计呈现出来的结果就可能会截然不同了。从深层角度考虑，从最初的设计图纸、材料、工艺、标准规范等硬件所构成的功能导向到视觉导向的完成，从使用功能的完善到心理层面的引导，这一系列过程都需要人的参与，因此人在塑造空间的整个过程中，既是主动的决定者，又是被动的体验者。

我们一般将体验者分为两类。一类是旁观者或间接体验者，他们在空间中扮演“客人”的角色，他们对空间的体验是暂时、片面、带有观赏意味的。他们在体验的过程中，由于不是空间使用的主体，体验往往是随机的，多数考虑的是视觉效果是否满足、部分功能的使用是否合意，以及暂时的空间氛围感是否令其感到舒适，但是对于诸如“该空间是否能满足长期的生活习惯和居住喜好”“是否可以满足更深层次的人际情感交互”等问题都无法进行更长久而深入的体验。

另一类体验者是空间的主要使用者，一般情况下也可以称为家居空间的主人。他们是空间的最直接使用者，体验时间较长，也更为深入全面。他们更注重空间是否能够满足自身长期的体验和需求、生活习惯、情感交互以及个性喜好等。一个好的家居空间，必须能在使用过程中给使用者带来生理和心理的双重满足，以及功能方面的安全性、舒适性、便利性等。例如，过道的高度和宽度是否合适，光照度是否可以满足不同场景下的使用需求，书房和卧室是否能在容纳下家具的同时依然具有舒适的尺度感等。

此外，对于同一个家居空间，不同年龄、种族、体态、性别、文化背景、性格特征、审美层次的体验者的体验感也是千差万别的。例如，洗手间中镜子的放置，对于身高 190cm 和身高 160cm 的使用者来说体验是有很大差异的；同样一个开门的简单动作，有人习惯于推，而有人习惯于拉，这对同一扇门在同样空间中的使用体验也完全不同；门厅中需要给鞋柜预留多大的空间，类似这样的问题对于空间的非主要使用者来说同样是很难回答的。

因此可以说，空间是为人所占有、被人利用的，离开了人，空间也就变得毫无意义。

4. 人是空间对白的代言人

根据心理学家皮亚杰的说法，空间是有机体和其周围的环境相互作用的产物，在这个过程中，它不可能分离出由行动本身所感知到的世界结构，空间的真正本质就存在于通过这些感官之间的相互连接而形成的认识之中。可见，空间是感知和发挥想象力的场所，也是人类与外界进行情感互动的媒介。空间是一种全面的包容物，人类在其内部生活，不可避免地要与其发生关联与交互，但同样，这种行为也会被一定程度地限制，由此带来一系列的问题与冲突，要求人类与所处的空间不断地交流、磨合，甚至妥协，进而相互影响与变化。因此，人在与空间对话中承担实践者一角，可以说，人既作为激活空间功能和情感的媒介，又作为这些功能和情感的重塑者。

人们生活在空间中，大多数时候是为了满足某种需要，而这些物品通常是室内的有形物体，这种关系仿佛是一种无言的对话与沟通，年复一年地相互交融。例如，当人在厨房发生使用行为时，厨房的使用功能就被启动了，那么在使用的时候，灶台、洗菜池、冰箱三个小点之间的间距是否恰当？距离太长会浪费时间和精力，太靠近会阻碍行动。当空间的布局对人的一些行为或情绪造成了不良影响时，我们就会用一些方法与手段对原有的空间布局和结构进行调整，让其更贴合使用者的需求。

通过特定的构思和塑造，能够使人感受到独特的情绪，而这一情绪也在人与空间的对话中得以体现。例如，空间的形态、颜色、味道和氛围感，都会给人们带来不同的心理体验。人们在使用与体验空间的过程中，不断地与之对话，并不断地激活、创造、改造空间。

5. 人是空间精神的体现者

就空间而言，大多数人所见到的是物体的表象与效果，最直观的体现就是形态、材料、颜色、明暗、比例等基本要素的排列组合。但从设计者的视角去审视空间，其实不难发现，不同的空间在本质上传递的是不同的审美理念乃至哲学高度，反映着空间主人对待生活和生命的态度。空间本身就是一种生命内涵的表现。

空间潜移默化地影响人们。正因为这样的“无意识”特性，使得人在特定的空间环境中进行活动时，都会浑然不觉地为场景所影响。在一定程度上，空间在塑造人的个性方面的重要性不容忽视。一个生长在狭窄阴暗地方的人，与一个生长在宽阔明亮地方的人，其思想和个性当然是截然不同的；长期生活在喧闹环境里的人，很容易控制不住自己的情绪，性格也往往暴躁易怒，而一个井然有序的空间可能会让人养成规律的行为习惯和乐观的人生态度。

一直以来，每当我们探究古今中外名人的时候，更多的关注点总是他们出众的智力、超群的毅力等“软件”的层面，总是倾向于把他们的成功或者生命中经历的每一次重大事件，归功于他们本身存在的强大“内因”。

当我们知道了“人与空间可以相互影响”这样一个有趣而不失深度的观点时，“实体”和“硬件”所赋予人们潜移默化的影响与改变被再次重视，我们得以把目光聚焦在那些古今中外的名人居住、办公或是短暂停留的场所，去深度体验和探究这些环境与居所是怎样培养、引导、影响，乃至重塑了这些伟人。可能是孩提时的启蒙、青年时的立志、潦倒时的激励、困顿中的灵感，总之，我们把视角微调，从“人与居”的角度出发，以历史和人文为基点，开启一段前所未有的探索之旅。

第三章

探访『人与居』

一、杜甫与“草堂”四景

数年前，英国BBC的一部纪录片《杜甫：中国最伟大的诗人》让“诗圣”杜甫成了爆火的“网红”。有国外网友写下了“为治愈我们破碎的世界，团结一致，请读杜甫的诗，这对世界是有好处的”的高赞评论。

不同于“诗仙”李白“绣口一吐，就半个盛唐”的浪漫主义色彩，杜甫的一生处于唐朝由盛转衰的节点，他短暂地经历过开元盛世，更饱尝安史之乱带来的家国动荡。他的诗悲天悯人，极富现实意义。正如BBC的纪录片所展示的那样，杜甫心系家国，感慨生民，为无数普通人、小人物留下了历史的注脚，他是整个中国民族精神的表现者，更是塑造者。

回看杜甫颠沛流离的 58 个春秋，他把最重要、最精华也是最后的岁月留在了西南，留在了成都的草堂。自 759 年（唐肃宗乾元二年）入蜀、760 年开始建造草堂，至 768 年（唐代宗大历三年）出川，杜甫在四川生活了将近十年。这段栖居蜀中的岁月，是杜甫生命中难得的平稳、宁静的时光，也是他艺术生命的高峰期，为后世留下了 240 余首不朽的诗篇。于是，草堂被视为杜甫的精神家园和圣地，数千来年，被无数的文人墨客敬仰。通过杜甫留下的传世名篇名句，他在草堂的生活细节得以被复刻和重现。

图 3.1　成都杜甫草堂

1. 草堂春色——门泊东吴万里船

从长安入蜀，杜甫当然有冠冕堂皇的理由——躲避安史之乱，但其实他比谁都清楚，主要还是因为住房的问题：朝廷的俸禄不够支撑他在长安购置房产。经过几番选址和考量，加上好友的解囊相助，次年，杜甫终于在成都近郊的浣花溪畔盖起了一座茅屋，这就是后来草堂的雏形。东有清澈见底的浣花溪，南有红莲放香的百花潭，西有终年积雪的西岭，与锦江为邻，背靠成都城，好不惬意。

有一天杜甫看到啼唱的黄鹂、翻飞的白鹭、刚抽出嫩枝的柳树、碧蓝的天空，这几种温暖鲜丽的颜色交织在一起，形成了一幅专属春天的图画。他又凭栏远眺，透过窗棂望去，看到那西岭经年不化的积雪；再向门外望去，又见不远万里从东吴来的船只停泊在江岸边。他惊奇地发现，漂泊半生，原来最本真、最美丽的景色就在眼前。于是诗兴大发，写下传世的七言《绝句》：“两个黄鹂鸣翠柳，一行白鹭上青天。窗含西岭千秋雪，门泊东吴万里船。”远与近，静与动，安排妥帖，浑然一体，堪称近体诗的样板。

饱受安史之乱困苦的杜甫，在富饶的天府之国终于有了一方安身之所，他的心情是舒畅的、心境是自得的。文人自古都有“造园”的传统，由《旧唐书·杜甫传》可以推断出，杜甫的草堂群山环抱，绿水围绕。有了山的巍峨、水的灵动，孤立的草堂处在其中，便有了诗情画意。更妙的是，草堂就建在一棵高大的楠树下，据说其已有200年的历史。除此以外，他还在草堂前开辟了一片药圃，种上丁香、栀子、决明等草药，有时也会上山采药（“编蓬石城东，采药山北谷”）。草堂最初只有一亩地，在他的劳作下，得以向四周拓展。茅屋旁安置了水栏，堂前栽上了四棵心爱的小松。很快，桃树、竹林亦纷纷在草堂边成片。（“我昔游锦城，结庐锦水边。有竹一顷馀，乔木上参天”——《杜鹃》）

清澈的浣花溪蜿蜒曲折，环绕着草堂缓缓流过，映出春夏时节江村的静谧（“清江一曲抱村流，长夏江村事事幽”——《江村》)；鱼儿游弋在水中，燕子翩翩起舞(“细雨鱼儿出，微风燕子斜”——《水槛遣心》之一)。此后的一年多，杜甫常在风和日丽的季节，手捧书卷，在草堂前树荫下，沉吟、书写，倾听虫鸣、鸟语；也爱手拄着藤杖走到浣花溪畔，看那渔人的网、客商的船。

有写花红柳绿的：“圆荷浮小叶，细麦落轻花”——《为农》，“风含翠篠娟娟净，雨裛红蕖冉冉香”——《狂夫》；有写鸥飞鱼跃的：“自去自来堂上燕，相亲相近水中鸥”——《江村》，“日见巴东峡，黄鱼出浪新”——《黄鱼》；有写田园意趣的：“白帝城西万竹蟠，接筒饮水喉不干”——《引水》。

2. 草堂来客——蓬门今始为君开

杜甫来到成都还有一个重要的原因，他的好友严武时任成都尹，也算是执政一方的诸侯。严武常带着小队人马来到成都郊外拜访杜甫，有时还备有美酒佳肴与他相聚。代宗即位后，召严武入朝，四川又发生了叛乱，杜甫只能暂别草堂。当他听说安史之乱已经平定时，兴奋之余写下“平生第一快诗”《闻官军收河南河北》，好友严武也重回四川担任节度使。在严武的举荐下，杜甫来到他的幕府工作，并得以重返草堂，又过了一段寄情山水、喝酒写诗的神仙日子。草堂的风光如旧，而严武的情谊更是让他无法离开。直到有天噩耗袭来，40 岁的严武突然去世，杜甫失去了朋友和依靠，只得另谋出路，离开蜀地。出四川后杜甫漂泊于荆湘的舟船上，居无定所，带着对好友严武的思念，悲从中来，在生命的最后时刻依然写下了“昔闻洞庭水，今上岳阳楼”这样忧国忧民的诗篇。

杜甫初到蜀地时可谓一贫如洗，幸得一众好友解囊相助才得以建造草堂，落成后，更作诗《堂成》来表达无比兴奋之情。“背郭堂成荫白茅，缘江路熟俯青郊。桤林碍日吟风叶，笼竹和烟滴露梢。暂止飞乌将数子，频来语燕定新巢。旁人错比扬雄宅，懒惰无心作解嘲。”

除了一批挚友，杜甫与草堂周围的邻居关系也十分密切。有时热情的农夫会把他强行留下喝酒（“步屧随春风，村村自花柳。田翁逼社日，邀我尝春酒”——《遭田父泥饮美严中丞》）；有时会有人给他送上新鲜采摘的水果（“西蜀樱桃也自红，野人相赠满筠笼”——《野人送朱樱》）。

草堂的南北各有一位近邻。南邻被杜甫称为“锦里先生”，“锦里先生乌角巾，园收芋栗未全贫。惯看宾客儿童喜，得食阶除鸟雀驯。”（《南邻》）北邻则是一位以风雅著称的退休县令，和杜甫一样，爱饮酒作诗。“明府岂辞满，藏身方告劳。青钱买野竹，白帻岸江皋。爱酒晋山简，能诗何水曹。”（《北邻》）

而在草堂不远，有一位名叫黄四娘的美丽女子，她的家中繁花似锦、莺歌燕舞，为了记录这春光烂漫，杜甫奋笔写下了——“黄四娘家花满蹊，千朵万朵压枝低。留连戏蝶时时舞，自在娇莺恰恰啼。”随着这首《江畔独步寻花·其六》广为流传，黄四娘成了杜甫最出名的邻居。

好友崔明府要上门拜访了。只见门前的浣花溪春潮涌动，鸥鸟云集，一派春光明媚。有贵客临门，不由得让主人喜出望外。为了迎接客人，杜甫把不曾拾掇、已经长满花草的庭院小径打扫干净，一向紧闭的蓬草掩盖的小门，今天第一次为好友打开。只因偏居于城郊，家中没有美酒佳肴，宴席不够丰盛，于是只好拿出隔年的陈酒招待友人。突然杜甫想起邻近的老翁家还有些存酒，如果崔明府愿与他共饮，那就隔着篱笆将老翁唤来。于是，这首纪念春日待客、充满家常烟火气息的《客至》，被书写了下来："舍南舍北皆春水，但见群鸥日日来。花径不曾缘客扫，蓬门今始为君开。盘飧市远无兼味，樽酒家贫只旧醅。肯与邻翁相对饮，隔篱呼取尽余杯。"

在如此漫长的漂泊岁月里，经历过家国动荡的杜甫却依然保有心底的那份赤诚，去书写春天的美景和生机，去记录与亲人好友的每一次相聚，去讲述寻常日子里的人间烟火。

3. 草堂雨景——润物细无声

成都的雨似乎总是下个不停，丝丝缕缕，若有若无，给草堂蒙上了一层天然的滤镜。这一晚，杜甫本已早早地睡下了。这春雨，似乎"知道"这是万物生长的时节，也

“知道”它“贵如油”，正需要它，它便下起来了。也许是不想扰了人们的美梦，它无心造势，悄悄而来，滋润万物。杜甫耳听着绵密、细微的雨声，感受着令人喜悦的春天气息，于是他再也睡不着了。

还是那熟悉的草堂四周的景致，不过这次是在夜里，是在雨天。抬眼望去，天地间一团漆黑，雨意正浓，乡间小路似乎一眼望不到头。恍惚中，似乎只有江边的船发散出唯一的光亮，在夜空的映衬下，格外地显眼。这种强烈的反差感，让杜甫有种莫名的惊喜。夜色深沉、云厚雨足，杜甫心想，就让这春雨好好地下一晚吧。等到明天一早，整个成都城的花都会带着雨露盛开，汇成一片花海，花朵定会沉甸甸地抬不起头来。

从听雨、观雨到想象雨后景色，从雨夜的沉沉水墨色到次日的繁花似锦，从对自然的崇敬到对生活的无限希望，杜甫奋笔写下了这首日后将成为其代表作的名篇《春夜喜雨》：“好雨知时节，当春乃发生。随风潜入夜，润物细无声。野径云俱黑，江船火独明。晓看红湿处，花重锦官城。”

成都的雨充满了灵性，它赋予了天府之国悠远朦胧的美，赋予了蜀人丰衣足食的天然供给，让人流连忘返。

4. 草堂秋风——安得广厦千万间

好景不长，杜甫这种回归田园、悠然自得的幸福时光在一个秋日的午后戛然而止了，起因竟是一阵秋风。一向风和日丽的成都刮起了大风，虽不至于飞沙走石，但足以让行人四散奔逃。草堂的屋顶是用茅草简单堆砌起来的，秋风咆哮着，有些茅草便被吹走了，杜甫只好去追。可是不知从哪里冒出来几个“熊孩子”，恶作剧似的抱起茅草就跑，一下子就消失得无影无踪，当然一起消失不见的，还有杜甫的茅草屋顶。愤然而归，衣衫褴褛、身形干瘦的杜甫依旧拄着他平日溪边赏花观鱼的藤杖，只是不再有春日的情致，多了大风破屋的焦灼与无奈。

成都一向绵密温软的细雨，这一天似乎也在有意“为难”杜甫。进入后半夜，风大雨疾，缺少茅草遮盖的草堂屋顶难以抵挡，雨线直直地砸下来，让这个夜晚分外难熬。八月的成都本不至于如此冷冽，可盖了多年如同硬铁一般、被孩子蹬破的被褥，加上不断漏进茅屋的凄风冷雨，叫杜甫如何挨到天亮？那些和杜甫一样的穷人，抢杜甫茅草的孩子，哪个又不需要同情和帮助呢？杜甫深深地叹了口气。战乱频繁的国家、回不去的长安、急转直下的大唐国运，难道不比这风雨交加的夜晚更漫长、更透着彻骨之寒吗？

想到这里，杜甫似乎突然有了感慨：要是这世上能有千万间宽敞的房屋，可以庇护全天下所有的寒士，让他们喜笑颜开，即便遇到风雨也可以不动如山就好了！要是能够实现，哪怕我自己的茅草屋被吹破、受冻而死也心甘情愿！突如其来的火热激情，迸发出了殷切的希望，杜甫奋笔疾书，从此，世上便有了《茅屋为秋风所破歌》："八月秋高风怒号，卷我屋上三重茅。茅飞渡江洒江郊，高者挂罥长林梢，下者飘转沉塘坳。南村群童欺我老无力，忍能对面为盗贼。公然抱茅入竹去，唇焦口燥呼不得，归来倚杖自叹息。俄顷风定云墨色，秋天漠漠向昏黑。布衾多年冷似铁，娇儿恶卧踏里裂。床头屋漏无干处，雨脚如麻未断绝。自经丧乱少睡眠，长夜沾湿何由彻！安得广厦千万间，大庇天下寒士俱欢颜！风雨不动安如山。呜呼！何时眼前突兀见此屋，吾庐独破受冻死亦足！”

就是在那个冷冽、失意的秋夜，在那个屋顶尚不完整、家徒四壁的草堂里，杜甫把他的诗作再次推向一个新的高峰。

在杜甫漂泊无依的生命底色上，悲凉、困苦、潦倒似乎一直是主基调，可他就是在那个无从选择的时代中，在悲伤寂寥的生命里，让心中永不凋零的花一次次绽放。当然杜甫不会想到，1200多年后，他在成都郊外搭建的草堂，游人如织，无数后人不远万里前来凭吊、缅怀。他更无法想到的是，在异乡的蜀地和草堂，能在他余下的人生岁月中成为他心底最深的眷恋和羁绊。在杜甫生命的最后时刻，当他出三峡、漂流在荆襄的孤舟上时，他一定在想，未来又在何方？杜甫不知，他唯一可以确信的是他的心中永远保存着对生命最质朴的热爱，永远收藏着草堂最温暖的春天。

二、再赏《从百草园到三味书屋》

1926年秋，正值“三·一八”惨案后被北洋政府列入通缉名单的鲁迅应厦门大学之邀离开北平避难之际，命途多舛的民主斗士在辗转流离间忆起童年和少年往事，遂作《从百草园到三味书屋》发表于《莽原》，后被收入散文集《朝花夕拾》。可以说，《从百草园到三味书屋》是每个读者自己的童年和少年记忆，在阅读它的过程中，我们都能或多或少地忆起专属自己的“百草园”和“三味书屋”。

全文分成风格迥异、情感不同的两部分：妙趣横生、色彩斑斓的百草园和刻板规矩、气息沉重的三味书屋。

1. 百草园的“声”与“色”

对百草园的回忆和描摹，基于“声”和“色”。自然的声调必然会引起孩童的好奇心和探索欲，引发无穷无尽的想象。原文中，那蝉的“长吟”、油蛉的“低唱”、蟋蟀的“弹琴”，都是幼年鲁迅对昆虫语言的好奇想象，百草园的自然环境就是孩童心目中的完美世界。而那青翠的野草丛中深藏的由“赤练蛇”引出的“美女蛇”的传说，看似无心插柳，却在这景致中巧妙地渗入了人情。那些想象中的画面：蛇行时的“沙沙”声、飒飒的风声、“豁”的金光照出之声，无不衬托着惊险刺激，声音的描写让这样的传说显得亦假亦真，极具生动性和感染力。

而百草园的颜色，则是作者用笔更为精妙之处。先是各种动物、草木的个体局部描摹，有“碧绿”的菜畦、“紫红”的桑椹这样的直接颜色描述，更多的是黄蜂、菜花、叫天子（云雀）、何首乌、木莲、覆盆子这些稍加想象即有颜色画面的动植物，它们交织在一起组成了春夏时节百草园的斑斓、丰富、明丽的整体色调，乐园的画面感跃然纸上。

冬天的百草园则是另一番景致。虽然没有任何描写“雪景”或者和“白色”相关的用词，但作者对“雪天捕雀”整个过程的描写极为传神，充满了童趣。读者自然能够联想到，只有广阔的、银装素裹的外部环境，才能如此完美地衬托出鸟雀的扑腾、孩童的笑语，如一幅画卷般徐徐展开。这样的技法好似古人作画时用草木飘动来显示风、以树枝弯压来示意积雪、用蜂蝶围绕来凸显花香等，十分高明。于是在鲁迅的笔下，百草园的夏天浓墨重彩，冬天则“轻描淡写”；夏天是细笔勾勒的点状的斑斓，冬天则是大胆的色块处理。而我们将它们串联起来，就看到了百草园的全景长卷，代表的是无穷无尽的乐趣，那是一个没有烦恼忧愁，可以尽情放肆欢笑的孩童时期的乐园。

鲁迅在百草园接触到的那些花鸟鱼虫等自然景色，引发了他对花草树木进行观察研究的兴趣。后来人们在他故居小堂前天井的台阶型石条上，发现了二十余种他亲自种植的盆栽。

这些百草园里童年的美好记忆，特别是那关于斑斓色彩和饱满色温的画面，一定时常在鲁迅的脑海里放映吧：进入私塾时，留洋学医发现“学医无法救中国”时，成为民主斗士时，被通缉、颠沛流离时，无论在鲁迅生命的哪个时刻，这份温暖美好、充满希望的童年记忆，在那个风雨飘摇、内忧外患的黑暗时代始终赋予他强大的精神能量，让他得以在“彷徨”中“呐喊”，如“野草”般坚韧有力、野蛮生长，在乱世中始终追寻自由和民主、希望与力量。

图 3.2　百草园

2. 三味书屋品“三味”

三味书屋的情况和百草园就大不相同了，从这里开始，读者对鲁迅的创作意图就有了不同的理解。有的认为相比快乐自在、无忧无虑的百草园，三味书屋禁锢了儿童的身心，是一个象征封建礼教的“囚牢”，因此认为鲁迅在批判封建教育制度。

有的读者认为，三味书屋中一样可以找到童趣和快乐。虽然这是“全城中最为严厉的书塾”，但是自有一股亲切和谐的氛围流动其间，如学生时常偷溜出去玩耍的小园；学生和先生一起读书时一开始的“人声鼎沸”到后来的“声音便低下去了”，而先生却还在高声朗读；用荆川纸描“绣像”，“书没有读成，画的成绩却不少了”。这几个充满画面感和谐趣的图景，与“最严厉的书塾”的概念相去甚远，表现了学生在严格板正的环境中，不可压抑的谐趣和天真本能。因此虽然三味书屋是典型的封建私塾，和前文的百草园在结构、写法上也形成了鲜明的对比，但鲁迅的创作意图并不在于批判“书屋”所代表的封建教育制度。

鲁迅的创作意图更体现在他对寿镜吾先生的描述上。在鲁迅的笔下，先生有着古朴的形象和正直的品行。虽备有戒尺和罚跪的规矩，但并不常用；学生行礼，他会在一旁和蔼地回礼；他读书时的声音、表情、动作，自我陶醉，神游于书本间，生动地显现出一位迂腐刻板的老夫子天真可爱的灵魂。这些描写虽略有调侃之意，但更多的是鲁迅对寿镜吾先生的敬重和眷念之情。

三味书屋本来是鲁迅启蒙老师寿镜吾先生的书房，后为寿氏家族的私塾学堂，在当时的绍兴城内颇负盛名。鲁迅 12 岁至 17 岁时在此读书，前后长达 5 年。书屋是寿家台门东花厅，坐东朝西，三开间平屋。屋后有小园，植有腊梅、桂花及天竹等，为鲁迅与同学课余嬉戏之处。堂上悬着清代大书法家梁同书亲笔题写的“三味书屋”的匾额。书屋之“三味”来源于典故。古人有“读经味如稻粱，读史味如肴馔，读诸子百家味如醯醢”。醯，指醋。醢，指鱼肉做成的酱。醯醢泛指佐餐的调料。这反映了古人对经、史以及诸子百家在文化构成中的等级、地位、功能、品位的界定。

匾额下有一卷《松鹿图》，每日去学堂的学子，都要对着匾额及《松鹿图》拜一拜，方能看书。两边的柱子上有一副楹联：“至乐无声唯孝悌，太羹有味是诗书。”书屋中央，一张木桌，一张高背椅子，就是先生的讲坛。

鲁迅起初坐的地方，是在书屋的南面墙下，后来因别人时常出入书屋的后园，干扰了他读书，于是请求老师给他调换了座位，把位子挪到了东北方。走近鲁迅的书桌，发现他的书桌右上方有一个一寸见方的“早”字。至于它的来历，每个人都再清楚不过：因为一次迟到受到老师的严厉批评，鲁迅便刻下了这个“早”字，用以自勉。

一位旧时代“方正、质朴、博学”的宿儒，就是在这新旧时代之交的私塾里，启蒙了一位新时代的文豪和民主斗士。可以想见，在这方小小的天地间，那牌匾是象征孔子的精神图腾，《松鹿图》是尊师重道的礼仪和具体实践，戒尺是“劝学”的工具，而那数张方正的书桌则无声地诠释着“无规矩不成方圆”的质朴道理。

寿氏先人因官场腐败导致经商失利，便立下规矩，从此开办学堂，儿孙不得涉足工商。在世人对科举和仕途趋之若鹜的时代，寿家能够冲破传统观念的枷锁，立足于平民教育，这样的选择和坚守是对当时主流价值观的一种“叛逆”，却收获了来自民间的尊重和传世的美名。

图 3.3　三味书屋

其实关于三味书屋的“三味”，寿先生本人还有另一种解读，他常说，“布衣暖，菜根香，读书滋味长”。结合三味书屋只教授四书五经、诸子百家这些经典古籍，足可见即便是在封建科举制度下，寿先生的教育理念与清王朝也是存在一定分歧的。他的儿孙也表示，“‘三味’的含义不能对外人说，也不能见诸文字，因为‘三味’精神有明显的反清倾向”。

读书人的精神自持、旧时代下的“独立之精神”，定会通过“书屋”这一同时具有物质呈现和精神内核的载体，深深地影响少年鲁迅吧。通过那个刻在书桌上的小小的“早”

字，仿佛看到了一位面对世事沉默却又倔强的少年。也许是家庭突遭变故，每日为父亲买药才耽误了时间吧？也许从那时起，“猛士”凛然的铁骨和挺直的脊梁，就在那日复一日的琅琅书声里和往返学堂的青石板路上，慢慢成型了吧？

历经百年，这座绍兴城里的旧式民居依然伫立，青砖黛瓦，古色古香。春风拂过，青翠了百草园的花鸟鱼虫，悠扬了三味书屋的琅琅书声。春雨落下，打在堂前的皂荚树上，声声入耳。春雷乍起，那是划破至暗时代的洪钟巨响，那是一位敢于面对惨淡人生的猛士，正以笔为刃、以墨为锋。

三、清末江南“第一豪宅”的兴衰

杭州城东南角的元宝街，这条始于宋代、长不过数百米、宽仅两米的小巷，如今仍是青砖铺路，白墙黛瓦。巷子两端各有一块刻着元宝图案的石板，附近的老人说“元宝”早已有之，不知是否预示了这里的主人事业腾飞的财富密码。就在这条巷子的西端，近 10 米的高墙上却仅开了一座两米多高、江南随处可见的石库门，乍一看远没有豪富之家的派头，更难以想象，这里就是曾经的红顶巨商胡雪岩的私人宅邸，被誉为晚清江南的“第一豪宅”。

曾经，一部电视剧《胡雪岩》让这位红顶商人的形象再次鲜活起来。当片中陈道明饰演的胡雪岩站在胡庆余堂前，掷地有声地念出“真不二价”（倒过来念是“价二不真”）四个字，不费吹灰之力便赢得药房之间的价格战时，应该无人不为他的智慧和格局深深着迷和感动吧。

图 3.4　胡宅入口

门面上的不显山露水，遮掩不了宅内的瑶台琼室。进入正门，过了门楼，便是轿厅。两台精雕细琢的红木官轿做工极为考究，轿顶形似官帽，寓意深厚，这是整个胡宅的一大看点。而轿厅使用大量古银杏木，用料之奢华堪比故宫。“勉善成荣”，这块厅上高悬的金色牌匾是同治帝的御笔所赐，“善”字有意少写了两点，寓意天下善事做不尽，看来帝王的题词和赏赐总有他们的政治信号与深意吧。

图 3.5 胡宅轿厅

在此停留片刻，似乎真的可以感受到当年那个辅助左宗棠收复新疆、为朝廷筹措军械银粮的红顶巨商正在走向他的事业巅峰。他从最底层的钱庄学徒走来，靠着人情通达、能言善辩，以及独特的经商之道，一路开当铺、办钱庄，经营实业，创立胡庆余堂药号，直到染指金融、地产，甚至成为朝廷进出口军火的代理人。

轿厅靠里的两根廊柱上镌刻着一副楹联，金黄色的正楷书写着“传家有道惟存厚，处世无奇但率真”。这一“厚”一“真”，堪称胡雪岩得以从底层发迹的秘诀，也是他一生坚持的为人、经商之道。这一“厚”一“真”，也是整个胡宅结构、用料、设计、收藏等各种巧思之美、投资之巨的集中体现。

胡宅总体采用典型的江南园林式对称布局，中轴区为待客厅堂，由轿厅、正厅（百狮楼）、四面厅等组成；右边是居室，有和乐堂、楠木厅、鸳鸯厅、清雅堂等十三座阁楼；左边是花园（芝园等），园中高阁、回廊、亭台、假山、水池等一应俱全。胡宅修建于胡雪岩事业的巅峰时期，耗时三年，花费近300万两白银，成就了我国晚清

图 3.6　轿厅楹联

江南“第一豪宅”和私家园林。从宏观上看，胡宅布局紧凑、结构巧妙，居室大面积地使用金丝楠木、紫檀、银杏等极为珍贵的木材。从微观上讲，各处细节，如木雕、石雕、砖雕、彩绘等，都工艺超群，难以复制。宅内还藏有董其昌、郑板桥、唐伯虎等名家的书法和石刻，其收藏规模之巨堪比私人博物馆。

流连胡宅，不禁让人感慨。从它的窗光水影、雕龙画凤里，可以感受当年此地的奢华。芝园的溶洞之上是整个胡宅的最高点——御风楼。“我欲乘风归去，又恐琼楼玉宇，高处不胜寒”，御风楼以此得名。彼时事业正如日中天的胡雪岩当然不会感受到一丝凉意，极目远眺，能看见的只有宅内属于他的“琼楼玉宇”，还有远处浩瀚苍茫的钱塘江和高耸的武林门，怎不叫人豪情万丈？延碧堂是胡雪岩的住处，每天早上从那号称比同治帝的卧榻更奢华的八宝床上醒来，由仆人沏上一盏上等的西湖龙井，抿上一口，再缓缓推开由纯红木外框和法国进口玻璃打造、颇有西式教堂花窗质感的厚重窗户，对面临池而建的戏台便映入眼帘。没错，随时可以看戏、有着最佳视角的VIP观戏位置，正是他自己的主卧室。住所的后方是百狮楼，那是胡雪岩议事和会客的场所。百狮楼因楼外有超过100只紫檀木打磨而成的狮子栏杆而得名，这100多只狮子的眼睛，均以黄金镶嵌而成，即便在黑夜中依旧光彩夺目。而楼内一张直径超两米的红木圆桌，200多年过去，至今依然是杭城之最。据说当年刑部尚书文煜见到百狮楼的华丽后，不禁感叹：即便是北京的恭王府搬到此地，也是小巫见大巫了！

图 3.7 御风楼

胡雪岩有一妻十二妾，电视剧中茹萍饰演的七姑娘，无论胡雪岩富贵还是潦倒，始终跟在他的身边不离不弃。而现实中，胡雪岩最宠爱和信任的是罗四太太，由她掌管胡家的财政大权。罗四太太居住的载福堂是整个胡宅最为奢侈的一栋建筑，所有建材一律使用上等的金丝楠木，故又称楠木厅。金丝楠木性质温和，冬暖夏凉，“水不能腐、蚁不能穴”，由于价值极其昂贵，在故宫中都用之甚惜。

而当年的载福堂，从门廊、梁柱到屋檐、窗框，用料皆为金丝楠木，是名副其实的“楠木厅”。

图 3.8　载福堂

胡宅的细节之处所用的真材实料和真金白银，足以奠定它清末江南“第一豪宅”的名声和地位。也许是盛极必衰的历史规律，也许是邻家的剃头铺子使胡宅在西北方向“天缺一角”的风水传闻，胡雪岩在入住这座宅子不到十年内，事业迅速地衰败崩塌了。曾经富甲天下的红顶商人，因为商业和政治上的双重失利，家资耗尽，随着“贵人”左宗棠的离世，胡雪岩的生命也走到了尽头。世人皆以“红顶商人”谓之，便不难知晓胡雪岩能够迅速积累起通达的人脉和巨量的财富，靠的是官僚资本所赋予的特殊能量。自胡雪岩发迹的那一刻开始，他便不可避免地卷入了政治旋涡，并最终被政治反噬。他成于斯，亦败于斯。

在胡雪岩事业辉煌的顶点，他因“既有军功，又有善举”进入最高统治者的视野，得到了封布政使衔、赏二品顶戴、着黄马褂、紫禁城内准许骑马的政治殊荣，母亲胡老太也被慈禧封为一品诰命，连正二品的浙江巡抚到胡宅门外都必须下马落轿。

品尝到权力滋味的胡雪岩逐渐开始自我膨胀。在宅院内，所有的大门都铸上了铜质的“手”和门环，铜手紧握门圈，让人不禁联想到“手握大权”。有一面内院的墙壁镶嵌灰塑，上面雕刻的是两条草龙。觊觎更大的权力，必然会被卷入更高层、更如履薄冰的权力斗争中，而底层市井出身、商贾发迹的胡雪岩逐渐难以应付清廷最复杂的政治博弈，那是李鸿章和左宗棠之间的斗争，也是胡雪岩注定无法赢下的一场豪赌。

图 3.9　壁嵌草龙

胡宅的豪华精巧，更体现在中西合璧上，宅内对西洋物件和材料的使用同样达到晚清之最。府中各类洋灯多达 2000 盏，均为玻璃制作的葫芦、蝴蝶、花篮等各式檐灯外形的灯罩，里面则是“洋灯芯子”，一到夜晚，千灯万盏，恍如白昼。府中几乎所有的门窗构件和五金都是国外进口的铜件，上面还刻有洋文码字，光是这些便耗费了十几吨黄铜。铜质的排水管道一端连接着屋檐，一端通向巨大的铜质水缸，可以用来收集雨水，而溢出铜缸的雨水又能顺着排水口流入府内的人工湖中。难以想象100多年前的中式宅邸内就已经有如此先进成熟的防火和循环系统，怎不叫人叹为观止！

图 3.10 西式风格细节

一边是清末西方列强用坚船利炮敲开的国门，一边是来自大洋彼端、精巧华美的工业革命精华，想必彼时胡雪岩的复杂心情，也和19世纪末出访美国、为纽约的林立高楼所震撼的李鸿章完全一样吧。一块块如同巴洛克教堂花窗一般的法国彩色玻璃，一盏盏无须烛火便可彻夜照明的洋灯，随手拿起当时连上海滩的十里洋场都还未曾普及的西门子“德律风”（英文 telephone 的谐音，并非如今的电话，而是以铜管传声的工具）让仆人送来宵夜和茶点，延碧堂的西洋钟又正好传来了低沉浑厚的声响。法国的流苏水晶大吊灯装点着影怜院，那是胡雪岩接待外宾的舞厅。两向对立的日本进口落地镜几乎覆满了墙面，每当耳畔响起一曲悠扬轻快的华尔兹，看着镜中视觉无限延伸的自己，胡雪岩的思绪想必也会在这日复一日的欧风美雨中无限地沉醉吧。

是这西化的生活和身边的无数物件，让他觉得自己似乎已经完全读懂了西方，因而忽略了洋商狡猾多变的逐利手段和伎俩，还是他固有的实业思维，让他无法在风云诡谲的国际背景下看清西方资本惯于垄断的本质？搞洋务、办工厂、筹军械、收藏无数来自西洋的奇珍异宝，胡雪岩大概是彼时的大清最接近西方、最具有国际视野的人。可他的对手，是工业革命的发起者和最大的受益者，是游戏规则的制定者，代表着西方列强的利益，背后是列强的枪炮。

胡宅如同紫禁城一般的奢华、甚于王府的规格建制、朝廷暂时赋予的各种特权，通过种种物质呈现，如形似官帽的八抬大轿、堪比龙榻的八宝床、寓意“大权在握”的铸铜门圈、纹有草龙的灰塑，给了胡雪岩至高的眼界和谋事格局，但也激发了他日益膨胀的野心和有时略显过头的自信，于是他彻底改变了经商的思路，将越来越重的筹码押到了政治上，最终导致败亡。不知胡雪岩的内心深处，所崇尚和效仿的红顶商人，是陶朱公范蠡还是秦相吕不韦呢？同样的命运和极尽人谋的豪赌，同样地位极人臣，却在达到顶点之后，各自有各自的选择和时运，最后导致了迥然不同的结局。

胡雪岩死后，走投无路的胡家儿女只得将宅子以极低的价格抵给了文煜，而他正是当年感慨“恭王府不及胡宅”的恭亲王的亲家，风水轮流转，实在令人唏嘘。此后胡宅几度易主，20 世纪 50 年代开始先后被学校、工厂占用，还有一部分成了当地 100 多户居民混住的杂院，直到 1999 年，政府决定重修胡雪岩故居，这座曾经的江南“第一豪宅”才在专家的修复下，焕发了新的传奇和光彩。胡雪岩临终前曾嘱咐儿女：白老虎可怕。意思是白花花的银两终究会害人，经商是风险很高的事情。胡氏后人中几乎无人经商和做官，大多从事文化教育和科学研究方面的工作。也许这简短的一句话，就是胡雪岩纵横商海和政坛一生的最后感悟和浓缩精华吧，最终留给子孙后代的，不是他富可敌国的财富和这座堪比皇宫的豪宅，而恰恰是这一警句。

四、歌德的“中国情结”

“1749 年 8 月 28 日正午，时钟刚敲响 12 下，我在美因河畔法兰克福出生了。”——歌德在《诗与真》中，以这种直白、毫不吝啬的方式宣告了自己的出世。自此，法兰克福迎来了属于他们的文豪、巨作《少年维特之烦恼》《浮士德》的作者、德国历史上最伟大的文学巨匠——歌德。

在这座城市中，不少街道和广场以歌德命名。对于热爱文学的人来说，法兰克福西思格拉大街的窄巷里安静地伫立着的歌德故居，是文艺复兴以来德国乃至欧洲文学的圣地。漫步于此，人们依旧可以感受到歌德在属于他的

18、19 世纪生活、创作的印记。

图 3.11　歌德故居外景

1749 年，歌德出生在这栋别墅里，他出生的房间就位于三楼的东北边，如今窗边放着的报刊登有歌德出生后接受洗礼的消息，下方还有他后来亲笔标注的出生日期。除了在外求学的四五年，他一直在此与父母同住，直到 27 岁。歌德的父亲是德皇的顾问官，母亲是当时法兰克福市长的女儿，他们一家从祖父辈开始，就已经是法兰克福乃至德国屈指可数的上层名流。

尽管过着上流社会的生活，歌德却常说："一切涉及舒适的事宜都与我的天性相违背。您在我的房间里找不到沙发，我总是爱坐那张老式木椅。舒适豪华的陈设会扰乱我的思维，使我陷入一种迟钝怠惰的状态。"这段话在歌德故居四楼的写作室里得到了验证，这里果然只有一张书桌、一把木椅和几件简单的家具。甚至也有人认为，歌德习惯于站着写作。如果说海明威站着写作是为了保证尽量简洁有力地表达自己的想法，那歌德一定是如他自己所言，为了最大限度地集中精神吧。果不其然，人们可以很容易地在他的故居中找到一张斜平面、与人站立等高的桌子，这是歌德站立写作的最好证明。

图 3.12　夏绿蒂剪影

写作室中展示着歌德的成名作《少年维特之烦恼》中主角夏绿蒂的人物原型 Charlotte 的剪影画，她就这样静静地陪伴着歌德，任凭时间流淌。她是歌德的初恋，这本书在很大意义上是自传性质的。就是在这间房间里，歌德仅用了四个星期的时间，便一气呵成地完成了这部诗体小说。书中的维特和歌德一样，是个纯洁浪漫、能诗善画的青年，他在舞会上结识了年轻美丽的姑娘夏绿蒂，一见倾心。可是夏绿蒂已经有了未婚夫，无法将爱情献给维特。维特从爱情的美梦中惊醒，可是原来的天真单纯已经不再，理智与情感开始将他撕裂，于是维特想到了自杀。年轻的歌德自己又何尝不是维特呢，叛逆的时代、无法挣脱的爱恨、对自由美好生活的向往、对封建腐朽社会的控诉，在创作的短短四个星期的过程中，歌德的思想一定也随着维特一道，在文艺复兴的大背景和 18 世纪德国启蒙运动的影响下狂热地波动吧！

图 3.13　写作室

站在一楼的旧厨房前，似乎让人想起歌德的母亲正在为他制作最喜欢的菜肴——法兰克福绿酱汁，空气中又弥漫了熟悉的味道。小时候，歌德的母亲总是把他放在自己的膝头，给他讲述各种有趣的故事。母亲不同于普通的妇人，她的表达能力很强，词汇也非常丰富。歌德成年以后，母亲依然是他探讨作品的伙伴。歌德后来深有感触地回忆：我从母亲那儿，继承了她乐观的性格和语言的表达能力。据说，歌德也常与母亲在一楼的餐厅会客，这使他的语感和交流水平进一步得到了提高。其实德语是一种相对市民化的语言，而从歌德的作品中，我们可以读到大量的华丽辞藻和波澜壮阔的意境，这其实和歌德少年时期耳濡目染的家庭熏陶有着密不可分的关系。

图 3.14　门厅和厨房

别墅的三楼是歌德家人的生活空间。路易十六风格走廊的尽头，精致的天文钟依然在走动着。上面那头可爱的熊不只是装饰，而是通过精巧无比的机械设计，巧妙地成了发条。母亲的房间里还躺着当年她最珍视的带着针线的缝纫箱，旁边是夜间外出时侍女提着的照明灯笼。而作为法学博士的父亲的书房则透出老派、严肃和专业，书架上摆满了和法律相关的书籍。如果说母亲和妹妹影响了歌德的生活，给予了他文字的活力、激情以及性格上的张力，从而写就了《少年维特之烦恼》，那么歌德的父亲则用他的正直、严谨、坚持，还有强大的人格力量，无形中促使他完成了《浮士德》这部耗时一生的巨作。前后耗时达64年之久的《浮士德》的初稿也是歌德在这座房子的工作室里写就的，超过12000行的鸿篇巨制，直到他去世前才得以完成。这部伟大的诗剧以庞大的结构、宏伟的构思和高超的写作技巧闻名于世，是当时德国乃至欧洲社会的一面镜子，也是时代的史诗。有人说，如果要把德国文学收纳集合成一册书，那封面一定是歌德和他的《浮士德》。

图 3.15　书房

歌德的一生与中国结缘，他曾经深入研究中国文化，这样的痕迹体现在法兰克福和他后半生居住的德国小城魏玛的两处故居中。17 世纪伊始，西方的商人和传教士开始把他们在中国宫廷和上层社会的所见所闻带回欧洲，立刻掀起了一阵“中国热”。歌德的祖父和父亲大受影响，对于神秘遥远的东方产生了很多美好的想象和追求。于是他们收集了很多中国的瓷器，这在当时是时髦品味和尊贵地位的象征。

别墅的二楼，整体是明快的洛可可风格的会客厅，只在非常特殊的场合才使用豪华典雅的红色天鹅绒装饰，如歌德妹妹科尔内莉亚的婚礼。这个空间有一个响亮的名字——北京厅。从名字到装饰，北京厅充满了东方的元素，走的是中西“混搭”的风格。其中最有特色的是满墙东方韵味十足的壁纸，壁纸描绘了古典山水、亭台楼阁、垂柳、披着蓑衣和斗笠的渔翁、拉弓射箭的猎人等，都是中式的工笔山水画风格。其实仔细看，那些精心描绘的小小的人像，依然“长着”欧洲人的脸，轮廓分明，鼻梁高挺，并不是真实的中国古人的样子。也许，这幅壁纸所展现的，就是200多年前欧洲人想象中的中国吧。据说，年少时期的歌德并不喜欢这幅壁纸，还因此和父亲闹得不愉快，直到后来慢慢接触了中国文学，歌德才改变了对中国文化的看法。

图3.16　北京厅

当时的德国，歌德能够接触到的英法译文版本的中国诗歌和小说并不多，倒是有《好逑传》《玉娇梨》《花笺记》《今古奇观》等，虽然它们不是当时中国文学最优秀的代表，却足以成为歌德关于东方文学艺术的启蒙。通过阅读中国的书籍，歌德把中国想象成了理想的东方乐土，受当时魏玛宫廷“中国热”的潮流影响，他还试图把《赵氏孤儿》改编成戏剧《埃平诺》。歌德在晚年创作的组诗《中德四季晨昏杂咏》中写道：“彩瓦、窗棂、廊柱，都已被浓荫遮住；可无论向何处窥望，仍见我东方乐土。”字里行间无不体现出他对中国的向往，并将这种向往融入他通过想象构建出来的诗情画意中。

歌德对中国文化的兴趣还体现在汉字研究上。据说，当时在魏玛宫廷里，歌德经常“挥毫”书写中国书法，成为美谈。歌德一生从未踏出过欧洲，更没有去过中国，但这并不妨碍他对中国的憧憬和理解。1776年，他在伊姆河畔的别墅花园中凭借想象，建了一座中式的茅草小屋；在他参与设计的魏玛公园中，也有中式拱桥和亭台的身影，这些建筑的设计也都体现了歌德对中国文化的浪漫想象和深刻理解。

歌德后来同助手艾克曼的谈话也阐释了他对中国的理解：“中国人在思想、行为和情感方面，几乎和我们一样；只是在他们那里，一切都比我们这里更明朗、更纯洁、更合乎道德。”他又从中国文学谈到德国文学和法国文学，进而提出了“世界文学”这一全新概念。歌德说：“我愈来愈深信，诗是人类共同的财产。世界文学的时代已快来临了。现在，每个人都应该出力使它早日来临。”值得一提的是，“世界文学”的概念，在《共产党宣言》中被再次提及。

德国历史上对中国文化推崇的文学家有很多，如席勒、莱布尼茨都曾在作品中歌咏中国。而歌德则是其中最早的一批，对中国的文化艺术和古老神秘的东方哲学的神往，成为他一生的最大安慰。

在今天魏玛市的歌德故居后花园中，抬眼便可见到一棵古老的银杏。相传，18世纪的欧洲本没有银杏树，这棵树是歌德专门托人从中国移植到他的花园中。歌德对中国的情感寄托，正如他后来写的抒情诗《银杏》，真诚而炽烈。翻译过来，诗的意思是：从东方移到我园中的这棵树木的叶子，含有一种神秘的意义，使识者感到欣喜。它是一个生命的本体，在自己内部分离？还是两者相互间选择，被人看为一体？我发现了真正的含义，这样回答很恰当；你是否从我的诗里感到我是一，又成双？

第四章

人与居的互动设计

一、“乔帮主”和他的极简“豪宅”

美国加州的硅谷有座小城名叫洛斯阿尔托斯（Los Altos），与繁华的旧金山隔着海湾相望，世界顶级名校斯坦福近在咫尺。坐落在全球最大、最活跃的科创引擎区域，洛斯阿尔托斯的宁静祥和似乎有点儿格格不入。这里的清晨，总是伴随清脆的鸟鸣和偶尔路过的跑者，跟上去小跑几步，便可见一条小径直通私家院落，在它的尽头隐约可见低矮的木栅栏，木栅栏围绕的花园里种着几株苹果树。在加州独特的气候下，树叶还没有落完，树上竟还稀疏地挂着几个果实。这些苹果树不知是屋主种植的，还是被他人作为纪念的方式，时时刻刻提醒着所有人，就是在这座加州随处可见的普通住宅里，诞生了人类有史以来最伟大的科技产品——苹果Ⅰ型计算机；也正是在此，它的发明者史蒂夫·乔布斯与世长辞。

图4.1　乔布斯旧居

尽管离世已逾10年，但乔布斯的故居前依然不乏前来祭奠凭吊的人，院子周围常年摆满各种祭品和花束，而其中最多的，正是象征乔布斯的苹果。能够因苹果而被祭奠和铭记的，人类历史上恐怕只有伊甸园中偷食禁果的亚当与夏娃、发现万有引力的牛顿，以及创造苹果品牌的乔布斯了。在他离世后，官方传记《乔布斯传》畅销全球。在此之前，大众眼中的乔布斯是一位神秘莫测的天才和万人景仰的传奇，随着传记的解密，人们开始意识到，所谓天才，无外乎是把一切做到最简单和最极致的人，于是，全球范围内的极简主义风潮便有了盛行的土壤。正如乔布斯所言的“至繁归于至简”，这是他一生践行极简主义的完美总结。在中国，乔布斯被数量庞大的粉丝群体生动地称为“乔帮主”，大概是因为他和《天龙八部》里的乔峰一样有着“绝世武功”，更因为曾经被自己一手创立的苹果踢出董事会的经历和乔峰被逐出丐帮相似吧。

1. 物质极简

有人做过统计，从 1998 年到 2010 年的 12 年间，乔布斯作为主要演讲者出现在苹果每年最重磅的新品发布会上时，都是完全相同的造型——黑色 T 恤配蓝色牛仔裤。这个造型几乎没有改变过，久而久之成了“乔帮主”深入人心的形象符号。这样的形象也正如乔布斯时代的苹果产品，极致简约的设计、无比强大的功能，成就了后世难以超越的永恒经典。

图 4.2 乔布斯经典穿搭造型

《乔布斯传》曾经提到，有一次比尔 · 盖茨夫妇拜访乔布斯。盖茨还没有进门，便被乔布斯的房子震惊，他不可思议地问："你们所有人就住在这儿吗？"彼时的盖茨，正在建造一座占地 6000 多平方米的豪宅（正是位于西雅图的"未来之屋"），他一定无法理解同样作为世界顶级富豪的乔布斯，为什么还和家人一起"蜗居"在如此平平无奇、与任何一个硅谷普通工程师住宅差异不大的房子里。

乔布斯的房间仅有一盏他最爱的蒂芙尼设计师款台灯和一台影碟机，连沙发和椅子都没有。而正是这间删繁就简到了极致的屋子，在工作之余带给他大量的灵感和创意。乔布斯同样只给家人保留了日常生活起居最必需的家具：卧室的床垫和抽屉柜，以及餐厅里的一张餐桌、几把折叠椅，再无其他。难以想象，在买沙发这件事情上，乔布斯和妻子劳伦竟然前后讨论了8年之久！沙发的用途究竟是什么？是否真的需要沙发？在日复一日的反复思考中，他们为买沙发这样简单平常的行为，设置了“需要”和“欣赏”双重标准，每一个决定，都在这样近乎严苛的标准下得到了提炼和升华。极简，往往意味着极致的高标准。其实，关于买沙发这样的日常讨论只是他们生活中面对无数选择而做决定的一个缩影：每一次的购买，必定可以长久地满足实用和欣赏的需要，可以真正提升生活品质和内涵；而更重要的也是大多数人难以做到的是，每一次的放弃购买，是勇于放弃没有真正价值的欲望，对生活进行及时的整理和删减，从而获得更充沛的精力和更自由的人生。每一次的物质简化，其实都意味着一次新生。

带着极简主义的审美再来看看乔布斯的房子，虽然远谈不上“豪宅”，但是坐落在硅谷传统意义上的好区位，相当于洛杉矶的贝弗利山，可见“乔帮主”在自家房屋的选址上还是很讲究的。从这栋房子的外墙来看，红砖灰瓦的主体配以暖色涂料刷出的色块，远远看去，有点儿西班牙和地中海风格混搭的感觉，利落的线条，同样彰显着极简主义。其实环顾四周的社区便不难发现，这栋房子属于独立设计建造的中小型私人住宅，并非开发者批量建造，在细节上有诸多出彩的地方，而乔布斯也曾多次称赞设计师的品位。除极简之外，乔布斯还很善于利用旧物，如这栋建筑的外墙是用别处拆下的旧砖砌成，通往自家后门的甬道也使用不规整的碎砖铺地，还有原汁原味的旧式实木门板，这些都彰显着他在设计上的理念和巧思。

得益于开阔的视野和层高，乔布斯在室内采用了大量的拱形门设计。这种现代感极强的几何线条与略显古典的砖墙形成了材质上的巨大反差，却没有丝毫的违和感，借着无比通透的采光，乔布斯开放式工作室的氛围感简直拉满。极简、全开放式的书架非常适合作为工作狂的“乔帮主”随时翻阅书籍和资料，而一台巨大的苹果显示器则可以让发散的注意力和思维随时聚焦到当天思考的主题上。虽然略显凌乱，可就是在这样一间工作室中，乔布斯打造出了堪称艺术与技术完美结合的苹果手机，还有初代的iOS系统。在这里，极简主义再次展现出它与乔布斯的完美适配——专注、沉浸、聚焦以及强大的功能性。

图4.3 乔布斯住宅室内风格

图 4.4　乔布斯强调的“功能极简”

其实乔布斯在加州拥有一座真正的豪宅，只是这座豪宅始建于 1925 年，看来“乔帮主”对于旧物真的情有独钟。这座豪宅位于加州最富有的市镇之一的伍德塞德，占地 17250 平方英尺，是西班牙殖民时期的产物。1984 年，乔布斯买下了它。乔布斯本想将这座拥有 30 个房间、14 个卧室的大宅夷为平地并重新设计成为更加现代化的建筑，但被反对者以历史保护为由阻止了，直到乔布斯离世也未能进行任何改动。这属实有点儿可惜，否则以“乔帮主”天马行空的设计灵感和苹果公司世界顶级的技术支持，美国的西海岸一定会出现另一座足以媲美“未来之屋”的建筑，一定会把极简设计和强大的功能性带到一个新的巅峰。

2. 结构 & 系统极简

《乔布斯传》中反复提到，乔布斯对极简的追求绝非仅是忽略复杂的功能，而是来源于他对征服复杂结构的自信。1983 年，“乔帮主”与董事会因理念不一致产生分歧，于是他就像乔峰被逐出自己的帮派一样，离开了自己一手创立的苹果公司。离开苹果对于乔布斯而言像是生活中的又一次舍弃和精简，让他得到了一个全新的开始，也收获了再创巅峰的机会。乔布斯通过收购成立了独立公司，这就是后来大名鼎鼎的皮克斯动画工作室，并在 1995 年推出了轰动全球的首部 3D 动画电影《玩具总动员》。2006 年，皮克斯被迪士尼收购，乔布斯也因此成为迪士尼的最大个人股东。反观失去了“乔帮主”的苹果公司就像失去了创新的灵魂和主心骨，迅速地衰落了。截至

1997年，苹果累计亏损10多亿美元，危在旦夕。这次，董事会不得不邀请乔布斯出山，回来重新主持大局。

“乔帮主”重掌苹果后，面对庞大冗余的产品线、过多的版本型号，感到非常困扰：“连我自己都不知道该向朋友推荐哪个。”于是，在极简主义的主导下，他不出所料地做出了一个在当时看来极为大胆的决定——不应该把时间浪费在“垃圾产品”上。开会时，他在白板上用象限划分了四个格子，横轴是“消费级”“专业级”，纵轴是“台式”“便携”，“就做四个伟大的产品，这就是我们应该专注去做的”，乔布斯在会上掷地有声地说。这次，他顶住了董事会和工程师的压力，执意砍掉了公司原本70%的项目，只把白板上提及的四类产品保留了下来。

奇迹再次出现了，这种对产品开发的精简和聚焦，让工程师终于找到了真正的方向。而这种极致的专注力也终于带来了伟大的产品，使公司在距离破产不到90天的时候扭亏为盈，当年的收益超过了3亿美元，股价涨幅超过33%。就像和妻子劳伦日常讨论“是否需要购买沙发”一样，乔布斯和他的工程师、设计师也有极为相似的、围绕产品的反复斟酌和推敲——“我们真的需要那个部分吗？是否可以通过别的方式实现这个功能？”在这种近乎极限的精简下，任何非“绝对必需”的功能都会被乔布斯砍掉。

也正是如此，苹果产品才得以在这个日新月异的科技时代成就不凡和伟大，其中最具有代表性的iPhone 4，作为乔布斯时代的绝唱，至今仍被全球的“果粉”奉为不可超越的经典。提及iPhone系列产品时，乔布斯总说，我们管理公司、设计产品、广告宣传的理念就是一句话——让我们做得简单一点，真正的简单。

这种“真正的简单”概念背后，是“乔帮主”对产品、技术、设计、用户需求乃至审美层面的深刻理解，这和他初创苹果时的理念一脉相承——越是高级的东西越简单。这种信仰从苹果初创到经历波折，再到后来的强势崛起并在全球业界形成领先优势，如同基因一般深深地刻在苹果的血脉中。

3. 欲望极简

在乔布斯家的花园里，有一根造型非常特别的铁柱，似乎与宗教有关。1972 年，一本《禅者的初心》引发了乔布斯对佛学的兴趣，两年后，年仅 19 岁的他来到印度，开启了长达 7 个月的苦修。在印度，青年乔布斯得到了一段不可思议的传奇经历。在喜马拉雅山脉的一个圣节中，他被一位“巴巴”（圣人）选中，单独带到山顶的水井边为他剃度。乔布斯并不知道，这位“巴巴”一眼就看出了眼前这位青年有不同凡响的品格和修行者的潜质：沉静、笃定、忧郁的西方青年，不远万里、不畏艰险来到遥远而陌生的国度，在人群中安静地伫立。

这次苦行完全出乎乔布斯的预料，真正让他得到顿悟的，并不是印度作为文明古国辉煌神秘的佛教文化的光辉和僧人高深莫测的智慧，而是印度社会中触目惊心的现实与近乎极端的物质匮乏。在这里，乔布斯第一次发现，世界上并不是每个地方都拥有加州的阳光沙滩、硅谷的热闹繁华，更没有嬉皮士刻意选择的、体验式的穷困生活，他只能看到眼前的贫民窟和睡在路边的僧人，而他自己也因常睡沾满油渍的床单而染上了疥疮。这种天壤之别的落差感和苦修的思考感悟，在一天晚上乔布斯打坐时，终于化作一股热流进入他的涌泉穴，让他仿佛看到了电灯和爱迪生。冥冥之中似乎是爱迪生告诉他，通过创造伟大的产品，通过物质去传递自己的思想和灵魂，改变世界！这一晚的顿悟，重塑了乔布斯，也改变了世界。

这次修行还让乔布斯深刻地体会到了西方理性思维的局限性以及在这种思维下极易产生的焦虑和疯狂，并发现了经验、直觉和静心可以给人带来的智慧力量。和苹果同时代的 IT 巨头微软，一般通过系统的调研寻找用户需求，再集成到操作系统中；而乔布斯则经常通过敏锐的直觉和洞察力来看穿用户需求，甚至发现了很多用户自己都未曾发觉的需求和功能。

据说，有人在哥伦比亚乡村的奶牛农场，把自己的 iPad 给了一个 6 岁的小男孩，没有任何的说明，小男孩仅凭直觉用手指在屏幕上划动，便可以启动应用程序，玩起弹球的游戏。如此奇迹般的产品设计和用户体验，是需要远超常人的天赋、灵感和洞察力的，而这种级别的智慧，不经历长期的苦行和身心的修炼，是难以被开启的。乔布斯的女儿丽萨在回忆自己的父亲时表示，父母都是坚定的素食主义者，而父亲更是会因为汤里放了黄油而吐掉一整口汤。如此近乎极端的饮食癖好，同样体现了乔布斯的人生哲学，他相信苦行会让人更加敏锐，匮乏即富足，而自律可以产生喜悦。可以说，削减各种无用的欲望，本质上也是在践行极简主义。

乔布斯在印度还得到了几乎一生都在反复阅读的《一个瑜伽行者的自传》，这本书让他在回到美国以后彻底迷恋上了禅修、佛教和瑜伽。他在进行禅宗式的冥想后，经常可以获得重大的启发和顿悟，这种精神力量一直伴随乔布斯，在他被赶出公司的至暗时刻，在他需要顶住压力说服董事会采纳自己意见的时刻，在他为苹果设计新产品绞尽脑汁的时刻，始终支撑着他，终成一代“帮主”和传奇。

4. 嬉皮士的“未来飞船”梦

40 多年前，在简陋的车库里，年仅 22 岁的乔布斯和好友沃兹尼亚克造出了第一批苹果 I 型电脑，引发了后来颠覆业界的个人电脑革命。

10 多年前，即将走到生命尽头的乔布斯在库比蒂诺市政厅的一次会议上，宣布了苹果公司未来的总部建设计划。“乔帮主”没能等来这艘耗时 8 年之久、耗资超过 50 亿美元的巨型“飞船”，但苹果永远不会忘记乔布斯。2017 年 9 月，苹果秋季新品发布会在以他的名字命名的剧院举行，而这座充满现代感的剧院就坐落在这艘“飞船”的中央。这座环形的巨大建筑拥有 360 度、高达 20 英尺的环形玻璃幕墙，将视野和采光做到了极致，而园区内部种植 9000 棵树木，包括苹果、樱桃、杏、柿等果木品种。徜徉在这样的空间里，人们还能回忆起当年那个喜欢在车库里鼓捣、手舞足蹈，背心外面随意套着一件牛仔服、光着脚丫的乔布斯，他总是一副嬉皮士的模样。

图 4.5　美国苹果公司新总部

二、清水混凝土诗人——安藤忠雄

日本建筑大师安藤忠雄说："我想创造一个能感动人们的空间。不管是房子、博物馆还是其他东西。当有人坐在那片草坪上，或者四处走动的时候，就能感到非常快乐，那便是我所追求的。我认为建筑不必说太多，它应该是保持沉默，让大自然以阳光和风为幌子。"作为当代最为活跃、最具影响力的世界建筑大师之一，安藤忠雄崇尚极简主义美学，他认为舒适的居住环境切断了人们和自然之间的联系。为了追求自然的气息，他采用最简单朴素的材料如水泥、原木，以及简洁精准的几何图案来构成建筑，运用光、影、水等自然元素为安静的建筑物营造出丰富的氛围感。

1. 光之起源——住吉的长屋

安藤忠雄最具代表性的作品“住吉的长屋”便是此类风格。1976 年，住吉的长屋在日本大阪市竣工。长屋，是日本当时常见的将一栋房子分割为好几间长方形独立房屋的木结构建筑形式。住吉的长屋位于住吉区一条狭窄的小巷里，长 14 米，宽 3.3 米，高 5.9 米，建筑面积大约 65 坪。

改造前，安藤忠雄在考虑预算、建筑遮蔽率、通风、采光等因素后，决定对其内部空间进行大胆的开发和利用。竣工后，住吉的长屋依旧是上下两层，只是里面分了三个部分和一个中央庭院，房间通过透明玻璃隔断与庭院产生对话，房子内所有的空间由一座天桥和一段楼梯连接起来。门在房子的左侧，打开后是小小的门厅，可以在这里换鞋，放置雨伞。穿过门厅便是视线更为宽阔的客厅，客厅里有中庭采光，抬头便能仰望天空，坐在客厅的地板上，品茶、用餐、写字时能看到日月交替、四季轮回的样子，是一种很棒的体验。中庭的对面是厨房与餐厅，厨房向里则是卫生间。安藤忠雄为长屋特别设计了木质家具，使房子内部看起来更显温馨而简洁。经过中庭的楼梯可以来到二楼的卧室，这里铺设着原木地板，靠里的房间设有楼梯和天窗。卧室面向中庭的方向装上了大块的透明玻璃，用来采光。所有的卧室通过架空连廊连接，主卧的外侧是为一楼入口设置的通光天井，内侧为定制的木床、衣柜等家具。长屋的每个空间都设有通风窗，便于空气流通与散热。

图 4.6 住吉的长屋内部

住吉的长屋从外部完全看不到窗户，内部的中庭设计也存在很大的争议——在 1976 年的日本，它跟周围的房子看起来完全不一样。虽然下雨天得打伞穿过中庭去洗手间，但依然奠定了安藤忠雄在建筑界的地位。在日本人的传统观念里，房子应该和自然融合在一起。让阳光、雨水、空气进到房子里面，和人有更亲近的互动，这才是居住的意义。儿时的安藤也在长屋里长大，那时候他以为住宅就是狭小、阴暗、冬冷夏热的，并不喜欢当时的居住环境，却也无力改变。有一次工人来为长屋做修葺工作，房顶被拆下的那一刻，他看到大量的光线从屋顶射入房间，明亮的、充满生命力的光线，它们在屋内进行着光与影的交替转换，忽明忽暗，年少的安藤被深深地震撼了。

图 4.7　住吉的长屋外部

“建筑将光凝缩成最简约的存在，建筑空间的创造即是对光之力量的纯化和浓缩。”成年后的安藤忠雄决心以建筑为挚爱和谋生的手段后，也真正成为追寻光与影的人。他受 20 世纪最著名的建筑大师柯布西耶的影响，自学成才，24 岁时开始游历世界各国，参观不同风格的建筑，其设计风格和理念也在此期间形成。他看到柯布西耶设计的朗香教堂和日本传统建筑对光的运用截然不同，他在罗马的万神庙中看到了古典和现代的碰撞，在纽约曼哈顿看到大量现代化的钢筋森林般的矩形建筑群……凭借对少年时代长屋屋顶湛蓝天空的犹新记忆以及对故乡大阪和日本传统习俗始终怀有的情感，安藤忠雄最终找到了现代与传统建筑在设计上的平衡点，就是把西方建筑几何结构鲜明规整的特点与日本建筑从细节出发、与自然相融的特点结合，在冲突的风格中创造出富有活力、生动的建筑。

图 4.8　朗香教堂

人们的生活需要在建筑中重回大自然的拥抱，秉持着这种理念，安藤忠雄不断地尝试突破自我，运用简单的几何形状强调建筑最基本的形式。他追求室内、室外关系的连接和流动性，使内部空间与周围环境融为一体，创造出开放、通透的感觉，利用光、影、水等自然元素在建筑内部创造出丰富的微观景象。清水混凝土的质朴与纯粹能够表达建筑的本质，其与木材、玻璃等其他材料结合，创造出丰富的质感和视觉效果。

28岁的他创办了安藤忠雄建筑研究所，不断尝试，连战连败，直到1976年设计了“住吉的长屋”才成名，接着又以“教堂三部曲”震撼了世界。此后，他受邀为三宅一生设计21_21 DESIGN SIGHT美术馆，后来为阿玛尼和Tom Ford设计了著名的Armani Teatro和新墨西哥州牧场，他的私宅作品在好莱坞时尚界备受追捧。至今，安藤忠雄设计的作品已超过200例，遍及全球，被誉为“清水混凝土诗人”“没文化的日本鬼才”。1995年，安藤忠雄获得有建筑界诺贝尔奖之称的普利兹克奖。他开创的一套独特而新锐的建筑风格，为传统的日本建筑设计带来了划时代的启迪，而这一切的起源，也许来自他少时记忆中的长屋和交织的光影。

安藤忠雄第一次进入中国建筑爱好者的视野，是在2005年上海举办的个人展览“安藤忠雄建筑展·环境与建筑”。64岁的他依然保持着对建筑设计的专注与热爱，他认为中国正处在一个“深化的文化成熟期”，城市与建筑之间需要更多的文化支点。安藤忠雄称，他被中国丰富的历史文化和独特的环境特征吸引。他在中国参与设计和改造了大量建筑。上海国际设计中心是安藤忠雄在中国完成设计的项目之一，他说这是“属于上海的风景”。他在2009年着手打造清水混凝土体量最大的文化地标性建筑——上海保利大剧院；2015年改造四川省的西来禅寺，在广东顺德打造现代艺术中心——和美术馆。接下来是浙江杭州良渚文化艺术中心、苏州太湖博物馆、黄浦江畔的震旦博物馆、上海建筑文化中心、上海明珠美术馆等，这些耳熟能详的地标性建筑均出自安藤忠雄之手。

2. 光之空间·新华书店

安藤忠雄认为，人们需要时间来思考，阅读能让人的灵魂变得有深度。他把上海爱琴海购物公园 7 层的新华书店打造成了和楼上明珠美术馆共生的多功能文化艺术空间，这就是“光之空间”。“人们和书的关系日渐疏离，我们希望这个空间能增加人与人、人与书的邂逅，使人们对书产生新的认识。犹如光之于建筑，只有阅读，才能让未来的希望照亮人们的心房。”这是安藤忠雄赋予这家新华书店的寓意。

图 4.9　晨曦下的“光之空间”施工现场

“光之空间”从外观上看，像是在爱琴海购物公园上挖开一角嵌入的一颗“蛋”。安藤忠雄说，“蛋”即“卵”，有孕育生命和希望的意义，这是一种光明。建筑外部的墙体延续了安藤最具标志性的清水混凝土材质，自然光穿过天幕在墙体和穹顶上穿梭变换，光影的交替让人感受到时光的流淌。这种新鲜独特的设计让人对“光之空间”内部充满了好奇和探索欲。

图 4.10 “光之空间”

“光之空间”面积约 1600 平方米，步入其中，映入眼帘的是高低错落的木质书架，这是安藤忠雄惯用的另一种材料。原木色的书架给人一种安宁质朴的感觉，像是远离城市的繁华和喧闹，回到了儿时记忆中外婆的房子，这里没有复杂的色彩和声音，有的只是心灵回归安宁的栖息地。书架中间的方形镂空与洛杉矶的 The Last Bookstore 相似，呈现的纵深感让人将层层书架尽收眼底。在这样的环境中人们可以感受到，书籍是时光的收录者，我们每个人走在时光的隧道里，感叹着时间的珍贵和生命的美好，对阅读充满了敬重与敬畏。在这个空间里，一切都不由得变得安静而缓慢，这就是完美设计赋予书店的意义所在吧。

往里走，光线轻轻地照在书架上，让人不禁恍惚，方格后面是怎样的人，会翻阅到怎样的书、会有怎样的际遇，一切都是未知的也是美好的。书店的顶部是蛋形穹顶的星空设计，抬头仰望，星空的浩瀚无垠让人体会到的是宇宙的美好和生生不息。我们从星空和书本中汲取知识，灵魂通过碰触而觉醒，这大概也是“光之空间”赋予读书的意义吧。书店的地板和吊顶均是原木，灯光是柔和的暖光，圆形星空顶下的螺旋楼梯采用的是安藤忠雄代表性的清水混凝土材质，让人像是置身于美术馆，原木与水泥材料的理性融合诠释着他极简和低调的风格，光影在这些材料上留下了它们存在的印记。再往里走便是书店的“心厅”了，它连接着明珠美术馆和“光之空间”，它用这种独一无二的形式，展现了阅读与艺术的共生形态，让“光之空间”成为独特的“有美术馆的书店”。“心厅”里原木色书架挑高约10米，整齐有序地将读者包裹于其中。阳光穿过透明墙面照射在最内部的一排书架上，在光与影的交错中，读者感受到的是内心的喜悦和宁静——书籍可以慰藉我们的灵魂，我们因灵魂有了栖息地而感到格外祥和。

图4.11 “光之空间”邂逅角

这里还有一个小小的阅读咖啡吧，如果内心感到迷茫，来这里喝杯咖啡，不紧不慢地翻开一本书静静地阅读，想必也是件惬意的事情吧。在“光之空间”，人们沉静下来，感受到心灵被治愈、滋养、温暖着，感受审美的愉悦，这就是“光之空间”的设计之美和独特魅力。

这位21世纪最具影响力的建筑师之一——安藤忠雄，有着野蛮的生命力，在审美和智性上有着敏锐的洞察力和感受力，他注重建筑与人之间产生的紧密的交互和情感链接，从不追随当下流行的建筑风格，而是用自己独具一格的建筑美学让人们在现代化的社会中重回大自然的怀抱，以此告诉世人：“一个人真正的幸福并不是待在光明之中。从远处凝望光明，朝它奋力奔去，就在那拼命忘我的时间里，才有人生真正的充实。追随多数必然迷失自己，只能不怕孤独，继续自己想做的。”

三、回归自然的美学家——隈研吾

闲庭信步，绿树花间，隈研吾建筑设计的第一个显著特点是回归自然。早年，他祖父的院子里什么都有，有花花草草，还有那种老式土墙，简直是个世外桃源。小时候的隈研吾是个“园艺家”，他经常把花草树木摆弄得整整齐齐。也许没人想到，他小时候栽种的那些盆景可不是随意摆弄的，正是这段特别的经历让他深深地爱上了自然。如今他把陪伴他成长的自然景观，都融进了他的建筑设计里。他特别喜欢用容易发生颜色变化的自然材料，他认为“这种变化会让人联想到生命力的枯竭，一个人能够做到的事情本来就有限，生命又非常脆弱，这是亚洲美学的一个根本”。

1. 翠竹屏风

“竹影横斜水清浅”，在中国，自古以来，竹子就是代表“反都市”哲学的植物。所以当隈研吾接到“长城脚下的公社”的设计邀请时，便毫不犹豫地选择了“竹屋”。他不愿让这个历史悠久的东方大国，在建筑上效仿纽约式的摩天大楼，于是他便如当年的“竹林七贤”一般，到竹林里去寻找灵感。就这样，竹屋和万里长城有了前所未有的结合。

隈研吾顺应长城连绵起伏的走势，在倾斜的坡地上建起了竹屋，使竹屋和长城周围的风景巧妙结合。竹屋依山而建，傍水而居，遥看此竹屋，只觉得它并不像是一个房子，而更像是自然景观中的一个片段。它就好似披上了哈利 · 波特的隐形斗篷，和自然完美地融为一体。在山水天地间，我们走进竹屋，在茶室里品茶论道，就好像穿越了时光隧道，找到了古代天人合一的感觉。

图 4.12　竹屋

竹子作为自然材料，具有特有的直线几何属性，在塑造空间的流动性中发挥着无可替代的作用。竹隔断和竹栏杆很巧妙地分割和引导了空间，同时顺着地形的坡度，既保持了视线的连贯性，又使空间有条不紊地分隔开来。隈研吾设计的竹屋围合没有拘泥于厚重的墙壁，而是运用竹子排列成的竹墙，营造出丰富多样的空间层次。

竹子如隐士般恬静地隐居在山林之中，用竹子做主体设计的竹屋亦是“大隐隐于市”，竹屋的“隐”这一特点甚至吸引了知名导演张艺谋，在中国农村长大的张艺谋说他无论如何都想把竹屋拍进北京奥运会的宣传片中。最终，在 2008 年 8 月 8 日的北京奥运会开幕式上，竹屋的画面出现在了巨大的屏幕上。竹屋花费了长达两年半的时间才完工，但在这段时间中，隈研吾也深刻理解了中国胡同和四合院里的人情味，以及中国古代陶渊明等的隐士文化。

2. 青山隐处

不同于安藤忠雄的自学成才，隈研吾 1973 年便考上东京大学的建筑学专业，那年该专业的录取分数线创下新高。在日本历练一段时间后，他又前往美国哥伦比亚大学进修，是不折不扣的科班出身。36 岁时，他成立了自己的事务所。他设计的 M2 大楼被视为浮夸建筑的代表。他在建筑中央顶部装上了一个巨大而怪异的爱奥尼柱头，比一般的柱子大了好几倍，又往上叠加了各种历史建筑的碎片，使整个建筑看起来像个巨型几何堆砌物。这样放肆张扬的建筑，用现在的话说，就是为了话题和流量而生的。

图 4.13　M2 大楼

M2 大楼反噬了隈研吾。作为“浮夸俗气建筑师”的代表，隈研吾被逐出了设计界，整整 12 年，他未曾在东京接到一项工程。靠着朋友和熟人的接济，他零零散散地有些工作，混口饭吃。他跟随一位木匠研究天然材料的应用，也是在这一阶段，他产生了关于建筑和自然关系的新认知。

名家铸剑，讲究人剑合一，隈研吾的心气全表现在建筑物上。刚成立个人事务所时的隈研吾，便是一副“天下英雄谁与争锋”的架势，如同 M2 大楼一样，喜欢彰显自身的存在感。但乡村的工作让他了解并深入自然，明白了“天下之至柔，驰骋天下之至坚”的道理，于是将建筑隐匿于山河，正如高人深藏于市井。187 厘米的隈研吾在日本人当中属于鹤立鸡群，可他总是缩肩弓背，盛名之下和光同尘。他的事务所坐落于东京南青山，灰色小楼没有显著的建筑特色，却巧于因借，精在体宜。四楼是个用于会客的大型露台，隔壁梅窗院的黄竹就在露台的玻璃围栏上摇曳，微风吹过，沙沙作响，客人在这个空间里，能感受到独属于这个空间的一体感。

3. 达令广场

作为隈研吾在澳大利亚的首个项目，达令广场以澳大利亚乡村的自然景色为灵感，将自然与建筑的力量融合在一起。隈研吾延续了他一贯钟爱的自然材料，利用环保可持续的科技木材，如丝带般缠绕，打造出木质帷幕般的外墙。这些帷幕一直延伸至街道，形成了遮荫的凉亭，展现了柔软生命力在生活中的坚韧。隈研吾通过打碎墙体使其粒子化来弱化建筑形式，形成蚕茧般的轻柔空间、鸟巢状的原始立面——大城市中的绿洲出现了。

图 4.14 达令广场

这种设计不仅为建筑物提供了天然的屏障，避免了强烈的阳光直射，而且光线可以通过木材的缝隙自然透过，过滤出舒适的光线，使整个空间更加宜人。隈研吾将达令广场定义为一个鸟巢，希望它能成为繁忙都市中的一个自由轻松的休息站，让人们可以在其中悠闲地小憩，静静地感受城市中悠闲的自然生活步调。

悉尼的达令港是个热闹的地方，人、货往来频繁，商业氛围浓郁。六层高的达令广场作为一个多功能的综合空间，内部集鲜食市场、美食餐厅、购物商场、托儿中心、图书馆、办公室等多种生活功能于一体，设计上采用了无方向性的手法，实现了开放轻盈的建筑形态，串联起土地、自然和当地文化，为悉尼这个重要的城市中心带来了新的活力。

4. 大桥骤雨

日本江户时代浮世绘画家歌川广重的《大桥骤雨》令梵高惊叹，也是隈研吾最钟爱的画作。怀揣着对这一杰作的崇敬与期待，隈研吾希望再现歌川广重画中“大桥骤雨”的意境。

图 4.15　歌川广重的《大桥骤雨》和梵高的临摹

从东京新干线车站下车，再驾车 1 小时，就是栃木县。隈研吾初到此地，就被附近山上的清寂打动了。山间神社屹立其间，人仿若置身于一片古朴之境。微光照耀下，和纸的柔和色彩映衬着杉木的素雅，令人沐浴在一片禅意之中。隈研吾心中涌起一股敬意，于是将画面的空间层次手法应用到广重美术馆的设计中。

他采用当地生产的杉木，经过远红外线烟熏热处理和药剂浸泡，使其具有较高的防火性能。而在屋顶和墙壁上，他采用了细长的杉木等距排列的“百叶窗”来覆盖。半透明的木格栅将建筑的内外空间相连，无论是室外围合还是室内分割，都以竖向线条为主，层层叠叠，宛若歌川广重所描绘的大雨场景。当人们走出建筑物时，依然可以看到木格栅，并透过它们望见更远的地方。

因此，在这个被创造的场景中，在起始和结束之际，人们都会和木格栅相遇，由此感受到歌川广重的精神和艺术手法。同时，整个美术馆呈一种俯伏的姿态，似屈膝俯首般低于神社和山林，这是隈研吾为自然之美所震撼的体现，也是他骨子里低调谦逊性格的体现。正如英国首相丘吉尔所说，“人创造建筑，建筑也塑造人”，隈研吾设计了广重美术馆，广重美术馆亦成就了隈研吾。广重美术馆是隈研吾设计生涯的重大转折点，它与《大桥骤雨》巧夺天工般的结合，极大地增进了他对建筑如何影响五感的认识，也让他到达了“负建筑”思想的集大成阶段。

图 4.16 广重美术馆

在建筑层面上，正如英国建筑师理查德·罗杰斯所言，“建筑不再是靠传统的庞大体量，而是通过轻盈的结构和多层次的透明形态来展现自己”。隈研吾认为无论什么建筑都要深切聆听那块土地发出的声音，所以他的设计特点之一就是“负建筑”。“负建筑”即“失败的建筑”，是一种对“取胜”欲望的抵抗。他利用消隐、微粒、无形，或暧昧轻盈，或空灵朦胧，营造出不确定的、具有弱柳扶风之感的建筑，从视觉上削弱建筑的边界感与实体感，使建筑隐于环境之中。

随着信息化的推进，碎片化、残缺化和局部化带来的复杂性充斥着仅凭理性已经无力统一的世界。因此，适合当今信息社会的“弱思想”，成为现代社会中确定性文化的互补方式。

魏晋时期，谢安有言：“庐舍虽存，其为魂魄乎？”由此观之，建筑不仅是物质空间的简单堆砌，更是一种能够触动人心灵、激发五感体验的艺术形式。隈研吾认为好的建筑应让五感开放、使人自在而活跃，不独拘泥于形式，更应蕴含无尽的灵性。

“画栋朝飞南浦云，珠帘暮卷西山雨”，如山岳巍峨，水木相依，建筑之于人，以视觉为先。隈研吾的作品形态独特、线条曲折，引得游人流连忘返。“歌管楼台声细细，秋千院落夜沉沉”，如雨打梨花，微风拂过，建筑之于人，以听觉为次。隈研吾的作品如流水般细腻，使人感受到自然的韵律，与大自然和谐共生。“锦瑟无端五十弦，一弦一柱思华年”，细微如触觉，亦不可轻视。隈研吾的建筑表面质感丰富多样，每一处细节都散发着独特的魅力。温润的触感让人心生愉悦，仿佛置身于春日的暖阳之中，为其中的能量所感染，唤起内心深处的宁静与舒适。

四、别出机杼的创新先驱——伊东丰雄

1941 年出生的伊东丰雄，毕业于东京大学建筑学专业，曾在菊竹清训建筑师事务所工作。1971 年，他成立了个人工作室——Urban Robot（城市机器人），后正式更名为伊东丰雄建筑事务所。伊东不只是一位建筑师，也是一位重要的教育者，于 2011 年创办伊东建筑塾，旨在培养新一代的年轻建筑师。可以说，伊东作为一个真正意义上的大师，他不仅汲取氧气，还制造氧气。

伊东建筑塾开设两种课程：一种面向成人，一种面向儿童。成人的课程是每个月去两次大三岛，改造那些没人住的破房子，把它们变成咖啡馆或餐厅，通过这些看似普通的实践活动来思考未来的生活方式。伊东希望通过大三岛的模式，让年轻人亲自动手，切莫纸上谈兵。他们

会一起种田，生产农作物，然后建立一个小小的自给自足网络。

普利兹克奖的评委会主席帕伦博认为："伊东丰雄具备独特的专业才华，擅长发掘每项任务和基地中的机遇，积极投身于发现创新事物的探索之中。"伊东自己拿奖后也说，建完一栋楼总会觉得哪里不够好，但这恰恰成了他接下来挑战下一个项目的动力。从帕伦博的评语和伊东丰雄的感言中，我们不难感受到，伊东丰雄最擅长挑战自我、不断创新。在他的职业生涯中，不断创新是他前行的动力，让他的设计成果斐然。

与多数建筑师总想着怎么在自己的设计里加点儿特色、形成所谓的"风格"不同，伊东觉得，只有新设计展现出全新的形状，才能算得上真正的创意。他的设计总是把自己过往的风格一把推翻，几乎每一个新作都在颠覆他以前的风格。因此，虽然他已经年逾古稀，但仍然像个"老顽童"，思想比很多年轻的设计师更前卫。

1. U 形轻梦

伊东丰雄的姐夫在 20 世纪 70 年代因癌症去世，姐姐为纪念姐夫就委托伊东设计了 White U（中野本町之家）。建筑外墙几乎没有开口，顶部斜坡向内庭倾斜，四个天窗洒下的光影在白墙上交织，给人一种好似在地下一般的封闭感受。房子最初计划设计成 L 形，然而伊东丰雄希望体现出这座房子曾经拥有过的悲伤。最终，他将建筑设计成马蹄状，U 形屋结合了直线的简洁与曲线的柔美，有如母亲的怀抱，温暖而又充满安全感。

图 4.17 White U

建筑的内部布局由一条长而弯曲的走廊组成，两端分别是母亲与女儿的卧室。走廊的两端是昏暗的，顶部的方形窗户将光线引至室内，不同时段的光线在室内的墙壁上形成完美的光影效果，为室内带来了生机与灵动感，而中心处则成为家庭聚会的焦点。正如伊东自己对 White U 的评价，“白色持续呼唤白色，曲面持续呼唤曲面”，弧线的柔美感在这座建筑中发挥得淋漓尽致，尽显伊东丰雄对姐姐的抚慰。White U 很好地展示了伊东丰雄在精神思想层面上的设计能力，充分体现了不断变化和自适应的创新方法，得到普利兹克奖评委会的高度赞扬。

外墙初时为清水混凝土，墙面被爬山虎覆盖之后，屋檐便被一片绿荫掩映。在这个空间里，家庭成员相互关爱，生活如同春日般美好。住了 21 年之后，随着一家 3 口的搬走，伊东丰雄目睹了建筑的拆除。这座房子对母子三人的影响是很大的，然而，拆除它却不是一件悲伤的事。因为家庭已不再沉湎于悲伤，白色的 U 形设计象征着新生，房子的拆除翻开了这个家庭生活的新篇章。

2. 巴洛克珍珠

巴洛克艺术盛行于17—18世纪的欧洲，以其夸张的细节和动态的表现形式而闻名，而伊东丰雄选择了与众不同的方式来诠释“巴洛克”。大名鼎鼎的巴洛克博物馆坐落于普埃布拉——一座位于墨西哥中部的世界遗产城市。博物馆矗立在河畔，远远望去，数个高耸的曲面白色混凝土墙靠拢在一起，宛如巨大的陶艺雕塑，壮观而震撼。

图 4.18　巴洛克博物馆外部

伊东认为21世纪最应探讨的是人与自然的关系，所以运用自然冷却技术减少能耗，实现雨水和污水的净化与回收，这种环保设计体现了他对可持续发展的锐意创新。此外，借鉴巴洛克绘画的光影效果，伊东采用了圆形天窗模拟强光。乍一看去，建筑的平面如同迷宫一般，但各个房间都通过圆顶天窗相连，就像串成了一串念珠，游客可以感受到从天空洒落下来的光芒，仿佛正在与神明对话。

高度达19.52米的巴洛克博物馆，总面积为18149平方米，外墙以白色混凝土构建，内部采用灰色混凝土，使墙体浑然一体。在鸟瞰视角下，整片弯曲的白墙如同一个个展厅的隔间，一片片地展现艺术珍品，环绕着建筑中心的水池庭院。作为一处文化交流中心，巴洛克博物馆是普埃布拉人民的骄傲。巴洛克博物馆希望通过新颖的外观与世界各地的文化艺术进行交流，成为全球瞩目的“掌上明珠”。有了伊东丰雄的设计助力，巴洛克博物馆迈出了成功的第一步。

图 4.19 巴洛克博物馆内部

3. 瑰丽魔方

20 多年前，仙台作为百万人口的城市，却缺乏大型公共设施，于是市民希望建设大型美术馆。1995 年，伊东丰雄的设计方案脱颖而出。2001 年，仙台媒体中心落成，名为“Media theque”，象征着将空间作为媒介，为市民提供发展文化艺术和传递信息的场所。

图 4.20　仙台媒体中心

仙台媒体中心地上七层，集开放式广场、市民图书馆、艺廊空间、举办活动的开放式空间于一体，最大化提升使用效率。仙台媒体中心的设计好似一个瑰丽的玻璃方盒，又如一个透明的玻璃鱼缸，13 根管状柱子如同水草般从地面升起，贯通 6 层地板。而空调和设备管线则收纳在地板缝隙中，凸显出了空间的简洁和开放性。

外立面完全采用玻璃拼接，使外部的空气和光线能够自由地流动。这些玻璃反射出四季变化的景色，让人不由地想要站在那里欣赏一下榉树大道上的风景。图书馆仿佛是一个随着光影不断变化的透明水族箱，从外观上看虽透明而纤弱，但在“3·11”日本地震中，仙台媒体中心仅受到一些轻微的损伤。原本给人冷硬感的现代建筑，成为透明、开放且富有包容性的艺术空间，为仙台注入了鲜活的生命力。

图 4.21　仙台媒体中心材质小样——仙台书架

4. 壶韵流芳

十年磨一剑，被誉为世界九大地标之一的台中歌剧院，不仅是建筑，更似一场歌剧。郭肇立评价台中歌剧院为“战后台湾首座真正的前卫建筑”，而康奈尔大学的建筑学院院长 Mohsen Mostafavi 说，连他这种老江湖也从未见过风格如此强烈的新设计，他甚至强调：“伊东丰雄固然赢得竞赛，但最大的赢家却是台中市，因为这座建筑将是世界地图的新标记。”

图 4.22　白天的台中歌剧院

台中歌剧院背后的工程令人惊叹。58面曲墙，每一块都需要量身定做，每一步都是精密计算的结果。谁能想象，在歌剧院内的2000多个座位中，没有一个座位会让人感到失望，每个座位都能让人感受到同样的听觉效果，每个座位都能让人看见舞台。台中歌剧院采用曲墙、孔洞与管状等别具一格的设计，模糊了空间的划分。连续曲面的墙体总是引导着人的移动，给人如电影般不断变化的动态画面。

台中歌剧院的造型似曲线勾勒的酒壶，让观众沉醉在艺术的海洋中。我们不难想象夜晚灯光照耀下，那壶面上镶嵌的多个圆筒窗显现出的优雅与温暖。环绕场馆的流水和空中花园的设计，打破了室内与室外的界限，让劳累了一天的打工人重拾逐渐遗失的环境感受力，得以与建筑对话。台中歌剧院还有一处绿地公园，公园里的水沟延伸至建筑内部，打破了室内与室外的边界。

图 4.23　夜晚的台中歌剧院

5. 拱影书香

日本的多摩美术大学图书馆，从外观上看，与一般建筑完全不同。没有棱角分明的轮廓，取而代之的是光滑平整的表面，仿佛被人打磨得无比圆润。整个建筑轻盈透明，就像一件雕刻精美的艺术品。一楼的大厅空间宽敞明亮，长长的走廊通向各个区域。地面倾斜的设计与建筑外部的坡道相呼应，衬得图书馆如巧落绿茵间。这块空间可以作为演讲场所，也可以让人在此品鉴咖啡，这正符合学生对公共空间的期望。

图 4.24 多摩美术大学图书馆外部

走进图书馆内部，一排排洋溢着古典气息的拱门映入眼帘。这些相连的拱门像参天大树的枝丫，相互支撑着天花板，却又不显得突兀。这样的设计不仅增加了空间的通透感，还保持了各个区域之间的连续性。顶面上的圆盘遮住了可见光源，使光线通过顶面漫反射均匀柔和地照亮每个角落。

洞外绿意葱茏，洞内天然风光，从有视觉遮挡的拱形

“隧道”到自然光丰富的回廊式空间，人们感受到的是不同的视觉新空间。多摩美术大学图书馆让每个人在与知识打交道的过程中能更好地认识自己，就像漫步在树林或者山洞中一样。人们在图书馆柔和的空间布局与光影关系中穿梭，创造力得到了释放。

图 4.25　多摩美术大学图书馆内部

6. 森之穹庐

1997 年 6 月，日本秋田县见证伊东丰雄完成了大馆树海巨蛋的设计。他一向以利用前沿科技促进人与建筑关系著称，而此项目完美地体现了他的设计理念。巨蛋仿佛漂浮在数米高空，木质结构更是将森林融入建筑，这本身就是一种科技与自然的完美结合。

图 4.26 大馆树海巨蛋

巨蛋高达 52 米，在主轴上横跨 178 米，在次轴上横跨 157 米，形成了一个巨大的 1/4 椭球体，给人带来轻盈的感觉。伊东故意将地面一层保持裸露，使整体结构呈现出几何的对称感，同时营造出内部空间和周围环境之间的通透感。就连底层的玻璃幕墙也向内部整体推进，整个拱顶仿佛轻轻悬浮在被其笼罩的空间之上。

伊东选用了日式香柏木作为木质结构的材料，拱顶笼罩下庞大的空间让人眼前一亮，而木头又将一种温暖舒适的空间感受 360 度无死角地带入这个空间。此外，顶的设计最大限度地减少了冬季季风的影响，还在夏季大大改善了通风，不仅减少了建筑的能源消耗，还增强了空间品质。这座建筑通过轻盈通透的一层空间实现了与周围环境的对话，几何结构精细而又巧妙地融入空间中，展现了抽象几何学在建筑设计中的独特魅力。

7. 银光雅阁

银色小屋在 1984 年建成，紧邻 U 形住宅，是伊东先生的私人住所。建筑通过拱形屋顶聚集在一起，形成下方的生活空间。在 U 形住宅的基础上，伊东将其设计成如空气和风般轻盈的建筑。它有最长跨度的中心区域，这很适合作为半户外休息场所。银色小屋的穿孔铝板和半透明结构，使整个建筑就像未来世界的居所，为一片绿植环绕的梦境所笼罩。

图 4.27 U 形住宅与银色小屋

拱形的曲面顶棚可以开闭，即使关闭时，透明材料也无法完全遮挡阳光。空间仿佛被透明的几何结构分割成若干小部分，呈现出一种没有明确方向的透视效果。物以稀为贵，小屋其余部分的拱顶大多是有覆盖的，但有一些三角形镂空允许光线进入，使室内的光线如绝世珍宝般变得异常珍贵。

银色是本色和裸露的代名词。小屋内外一致的银色涂层，增强了建筑的空旷感。空白对银色小屋来说不仅是自身的敞开，也是让外部空间坠入的“陷阱”，外部空间向小屋主人奉献了它的财富——阳光和空气，而建筑自身却不付出。银色小屋不仅是一座建筑，更是一件举世无双的艺术品，一种田园生活的惬意表达。

在建立流动性的过程中，空间的等级秩序被打破。假设我们将这个世界比作河流一样的空间，那么伊东所追求的建筑并非像插在河中的桩一样封闭，而是像一种波纹漩涡，仿佛青蛙跳入水中后水波的样子。在扁平化的建筑结构中，功能的边界变得模糊，关系也变得暧昧不明，这就构成了所谓的多元化场所。他的建筑不仅用于特定功能，而且为各种活动提供场所。

伊东的建筑总是以谦逊的态度融入周围的自然环境。他善于摒弃传统建筑所带来的笨重感和不协调感，使建筑看起来仿佛随风飘动，具有一种轻盈感，这种感觉使建筑的造型和空间自然地呈现出流动性。他一直将自己的建筑空间视为一个微型社会形态，通过空间的流动性

图 4.28 银色小屋内部

和功能的灵活性，总能及时反映出信息化时代背景下社会需求和意识的变化。

同时，伊东丰雄提出了一种革新的想法，试图颠覆传统建筑的欧几里得几何学理念。长久以来，我们似乎为方形、圆形或锥形的建筑理念所束缚，认为它们才是美的典范，但伊东丰雄对非传统的几何形态产生了浓厚兴趣。设想一下，如果只是简单地使用圆筒或方柱来构建，那么空间的张力将大打折扣，也不会给人那种独特而生动的体验。

现代主义建筑以其清晰的结构系统，严格地规划建筑的布局。通过合理的设计，它消除了建筑美学上的差异性。国际潮流的影响使得方形结构遍布全球，人工干预导致生活空间越来越趋同，城市也变得越发陌生，这种“均质空间”让人感到无处可去。多米诺体系所展示的方形结构是工业革命和科学理性的产物，而自然界却不曾有此模式。伊东丰雄所提倡的“逃离方形建筑”的理念，在一定程度上表达了与自然对话的渴望。

五、从“未来之屋”到“特斯拉之家”

1.“未来之屋”

“在不远的未来，没有智能家居系统的住宅会像不能上网的房子一样不合潮流”，比尔·盖茨在他1995年出版的《未来之路》中这样说道。这个30年前的大胆预言在当时并未引起广泛的关注，毕竟即便是在美国硅谷，互联网技术也尚未成熟，又有多少人可以预见到由此技术带来的家居系统的全面革新呢？

也许是为了向世人证明他略显超前的论断，盖茨自20世纪90年代初开始，历经7年打造了一座今天看来依然无与伦比的超级科技豪宅——未来之屋。它坐落在西雅图麦迪那区的华盛顿湖东岸，依山傍水，邻近雷蒙市的微软公司总部。未来之屋占地约6600平方米，总造价达到惊人的上亿美元，未来之屋既是智能家居和科技豪宅的经典启蒙之作，亦是当今全球备受瞩目的名人宅邸。

图4.29 比尔·盖茨与未来之屋

关于未来之屋的奢华和震撼，最广为流传的图片大概是客厅中水族馆里面的巨大鲸鲨和海豚，这背后的建造成本和复杂的水利系统即便放在今天依然颠覆想象。而无论是归家专属的游艇和船坞、门厅中可以一览华盛顿湖全景的巨幕玻璃墙、高耸的84级旋转阶梯，还是可以容纳一两百人、由24块40英寸屏背投电视组成电视墙的会客厅，抑或可为100多人提供餐饮服务的商业级全智能化厨房，在未来之屋中可能也只是标配。豪宅中更有不逊于好莱坞片厂试映室、可容纳20人的私人影院，配有桑拿房和高约20英尺蹦床间的健身房，3个水泥不锈钢结构的私人车库，900平方英尺、包括高尔夫球场和2个赛艇船坞的业余运动楼，甚至还专门开凿了一条人工河用以解决护土墙的水流循环。最令盖茨引以为豪的是占地约2100平方英尺的私人图书馆，华丽的穹顶可以透进自然光，室内的阴晴和光照随之变化。这里存放着拿破仑写给约瑟芬的情书、希区柯克的电影《惊魂记》剧本手稿等稀世珍品，而16世纪的达芬奇《莱切斯特手稿》（*Codex Leicester*）则是盖茨当时斥资3080万美元购入的重磅收藏品。

图 4.30 未来之屋内部及著名的水族馆客厅

也许有人会认为，作为彼时世界首富的顶级豪宅，开阔的空间感、奢侈的硬件设施依然属于“标配”，并未完全彰显未来之屋的“未来”之处。其实，这座被称为“全球最聪明的房子”的真正亮点在于它跨越时代、穿越周期的智能化和科技感，在于让房屋第一次拥有了如同人类一般的“智慧”。

根据极少数实地参观过未来之屋幸运儿的描述，当游艇停泊在豪宅入口的船坞时，来访者将戴上专属的电子“胸针”，“胸针”内嵌微型发讯器（可以预设温度、湿度、照明、音乐的偏好等），通过藏于地板内的传感器，微型发讯器就可以与配备 WindowsNT 系统的中央服务器进行交互。通过信号的收发和传递，系统便可以展开人与环境的一系列惊奇的互动。当访客漫步宅中时，灯光会自动调整：抵达房间时灯光会亮起，离开后随之关闭，无须任何人工的操作。同样，每当踏入一个新的空间，藏于壁纸后的扬声器便会自动播放访客偏爱的乐曲，墙壁上还会投影出熟悉的画作。如果此时想要回到卧室，客厅的音乐将会自动关闭，而卧室的扬声器将会继续播放那首乐曲。毫不夸张地说，访客在未来之屋的任何一个角落（包括泳池）都可以持续享受自己最喜欢、最适宜的音乐、灯光、温度。更令人惊讶的是，如此复杂而强大的系统所依赖的设备完全被隐藏，如埋于地下的电缆、全屋地板下的传感器，而墙上也见不到任何的插座。仅是因为盖茨不喜欢杂乱的感觉，未来之屋便做到了系统层面的简洁与规整。而在一些看不见的地方更显智能化，如水族馆有活性海水引入和循环的智能水利系统，一棵百年古树通过配备的传感器实现了完全自动化的监控和浇灌；主人在归家途中，浴缸已经自动开启放水和调温；洗手间内安装的体检系统会在检测到主人身体异常时由电脑发出警报。在30年前，未来之屋几乎就将家居的自动化和智能化做到了极致。

未来之屋的伟大之处在于它的划时代意义。它一经面世，便让世人确确实实见到了智能家居未来的样子，这就好比漫威的《钢铁侠》系列电影中，主角托尼·史塔克的父亲霍华德·史塔克在 20 世纪 70 年代用沙盘描绘的军工蓝图，放在今天依然具有相当的前瞻性。智能家居后来的发展，也几乎都在追寻未来之屋所呈现出来的样子，它成为人们心目中智能和科技的标杆，成为技术进步和行业普及过程中各方竞相模仿的对象。

不同于乔布斯毕生追求的极简主义，盖茨对自己居所的定位是另一个极端。未来之屋融合了当时最顶尖的科技和最极致的美学创意，足以穿越几十年的技术进步和审美潮流的周期，时至今日依然遥不可及。

2.“特斯拉之家”

马斯克的特斯拉之家被看作人类家居进化浪潮中的“黑天鹅事件”。科技狂人、特斯拉创始人兼首席执行官马斯克，向来以惊世骇俗的创新思维而闻名于世，他的每一个科技项目几乎都为改变人类命运、探索宇宙边界而诞生。

图 4.31　马斯克与他推出的特斯拉之家

马斯克的理念向来是颠覆性的，在推出特斯拉之家项目时，这位世界新首富的初衷和理想是彻底改变人类对房屋的看法。从效果图来看，特斯拉采用 3D 打印技术来制造被称为“Microhaus”的房屋结构组件，两侧的 L 形落地玻璃窗与特斯拉汽车 Model　X 的鸥翼门在设计上简直如出一辙；同时这种厢式结构的可移动性更是一大特点，用挂钩连接上一辆特斯拉电动汽车，整个“家”就可以自由地移动和搬迁。特斯拉之家和特斯拉的其他产品还能进行完美的适配与融合，如屋内的所有智能装置均可通过一台特斯拉手机进行全面的控制，而屋顶的太阳能电池则可为特斯拉汽车直接充电。

早在2016年，特斯拉就通过收购太阳能技术公司SolarCity，开始了特斯拉之家核心供能组件的开发和电池产品线的布局。如今的特斯拉之家已经完全可以实现再生能源的供电，其电池系统是一种可充电的锂离子电池，旨在自行消耗太阳能，为特斯拉之家提供所需的电力。它的自动滤水器也是一大亮点，可以将雨水转化为生活用水。而在房屋的用材方面，特斯拉之家采用了最先进的环保材料，与生态系统有机相容，并完全解决了室内的有害物质污染问题。这种节能、可循环、环保的理念吸引了相当一部分消费者，产生了大量订单。

BOXABL是马斯克极为青睐的住房创意公司，就是它最终设计出特斯拉之家的盒式折叠住房：面积从10平方米到38平方米不等，重2吨左右，把空间利用到了极致，真正做到了“麻雀虽小，五脏俱全”。它的厨房里有冰箱、烤箱、洗碗机等；卫生间采用的是谷仓式推拉门，里面还有柜台和镜子；洗衣机、烘干机、空调等也都是标配；值得一提的是，它还配备了智能家居控制系统，灯光、门锁等均可实现远程控制，而地板、墙壁、屋顶都是预制的，直接从工厂运来，现场拼装即可搭建出一套特斯拉之家，插上插座便能使用。

这样一个看似简陋的盒式房屋，可以抵御飓风，也可以防水；由于全屋采用的是不可燃的材料，因此即便遇到大火也能保全。而更加吸引人的是，这样一套功能完备、集结了多项“黑科技”的特斯拉之家，售价仅为10000美元，在有些地区还可以享受免费的配送服务，几乎人人都可以负担得起。这样的概念非常吸引人，当人们希望过上一种简单便捷、可持续、自给自足、可负担得起的生活时，特斯拉之家将会成为他们的首选，这也极有可能成为房地产和建筑行业未来的突破。

再次回顾智能家居几十年来走过的历程：先是未来之屋向世人展示了一个无比惊艳的科幻之家，某种意义上它是未来人类家居生活场景的示范和样本。接着，世界级的科技巨头们纷纷站在微软的“肩膀”上各显神通，越来越多的科研成果开始在智能家居领域得到前所未有的广泛运用并且快速地迭代。近年来，特斯拉之家异军突起，尽管目前来看它依然难以取代主流的住房模式和生活场景，但马斯克的颠覆性理念和创造给未来的智能家居提供了更多可能的发展方向，如系统的节能环保、新型材料、结构模块化等。

也许在有些人看来，家居的科技和智能依然只是极少数富豪的一时兴起，就像科幻电影《第五元素》中的男主角柯本可以自动折叠的床，《机器管家》中的人类形态机器人，《钢铁侠》中无所不能的贾维斯语音管家系统，这些理念超前、成本高昂的技术依然距离大众生活非常遥远，令人望尘莫及。

但是从另一个维度来看，未来之屋中的数十公里电缆、量身定制的传感器所能实现的功能，放在今天，很大程度上可以被泛用性更广的 5G 技术、蓝牙、物联网乃至人工智能取代，成本却仅为其千分之一，这种超乎想象的降本增效，难道不是智能家居的划时代普及和进步吗？智能家居最初成本极高，现在越来越简单、快捷、低成本、可复制。甚至所有的技术发展和革新大致遵循这样的规律：科技始终以人为本。

结　语

黑格尔说："美是理念的感性显现。"美不仅可以触动人的神经，也能激起人的表达欲，于是人描绘出一幅幅画作，吟诵起一篇篇诗歌，谱写出一首首歌曲——艺术可以说是人们情感的一种最佳表达。在艺术创作中，情感是最为重要的，而设计则以艺术和科学为基础，其蕴含很大比例的情感元素。要想创造出一个能打动体验者情感的空间，设计师首先要把体验者的情感因素考虑进去，并为之做好规划。

现代设计理念已经越来越丰富，而在未来，人与空间的情感关系必定是重中之重，在很大程度上空间不仅要承载人类的情感，更要承载它自身的情感。在现代和后现代主义交织的浪潮中，空间设计不仅是一个物理结构的构建，更是构建情感与记忆的载体。在这一设计理念下，人与空间之间的情感关系变得更加复杂且多元。由此我们不难看出，片面强调人性化或物质化的单向情感，势必会走向人与空间关系的双向情感流动与交融。

回顾空间设计的发展历程，展望未来的设计潮流和趋势，我们可以说："人创造了空间，空间改变着人。"